과학은 이것을 상상력이라고 한다

이상욱 지음

우리가 오해한 '과학적 상상력'에 관한
아주 특별한 강의

이상욱 지음

Humanist

머리말

    우리에게 《톰 소여의 모험》이나 《허클베리 핀의 모험》 같은 아동문학 작품으로 익숙한 마크 트웨인은 사실 당대의 현실을 날카롭게 꼬집는 풍자로 유명한 미국을 대표하는 문필가입니다. 그 마크 트웨인이 상상력에 대해 이런 이야기를 했습니다. "당신의 상상력의 초점이 흐려진 상태라면 당신의 시각에 의지할 수는 없다." 얼핏 듣기에는 정말 평범한 이야기 같지만 이 구절을 읽는 순간 저는 과학적 상상력의 중요한 측면을 잘 드러내는 말이라고 느꼈습니다. (상황은 잘 모르지만 마크 트웨인이 특별히 과학적 상상력을 염두에 두고 이 말을 했을 것 같지는 않지만요.)

    상상력은 일반적으로 시각을 포함한 우리 감각으로 '직접 관찰한 내용'을 넘어서는 무언가 특별한 능력으로 여겨집니다. 지구에서 바다는 파랗지만 우주 어딘가에는 보라색 바다가 있지 않을까? 지금 삶은 팍팍하고 힘들지만 갑자기 내 인생이 탁 트일 수도 있지 않을까? 이처럼 일상적 의미에서 상상력은 현실과 대척점에서, 현실이 아닌 상황을 생각해내는 '공상'의 느낌이 강합니다.

하지만 이 책에서 제가 하고 싶은 이야기는 적어도 과학기술 연구에서 성공적으로 작동하는 상상력은 이런 상상력이 아니라는 것입니다. 오히려 그 상상력은 마크 트웨인이 말한 상상력처럼 현실을 보다 정확하고 통찰력 있게 보기 위해, 즉 현상에 대한 '과학적 이해'를 얻기 위해서 필수적으로 요구되는 능력입니다. 그래서 상상력을 적절히 활용하지 않고 과학을 하면 마치 초점이 맞지 않는 안경을 쓰고 세상을 보는 것처럼 사물의 본질을 제대로 파악할 수 없게 되는 것이죠.

이처럼 과학적 상상력으로 사물의 본질을 정확하게 파악한다는 것은 자연현상을 과학적으로 만족스럽게 설명하고 이해할 수 있게 됨을 의미합니다. 얼핏 듣기에 이건 좀 아니라는 생각이 들지 모르겠습니다. 엄밀함과 논리적 사고를 중시하는 과학에서 사물의 본질을 파악하는 데 상상력이 핵심이라니, 좀 허풍스럽다고 느낄 수도 있습니다. 하지만 저는 상상력에 관한 통념이 직관적으로 호소력 있기는 하지만 그럼에도 왜 '초점이 잘못 잡힌' 것인지를 구체적 사례를 들어 이야기하고자 합니다.

기술적 혹은 공학적 상상력은 우리가 원하는 기능적 대상을 만들어내어 세계를 보다 바람직한 방식으로 바꾸는 데 결정적 역할을 합니다. 물론 현대 기술연구와 공학연구는 과학적 지식에 기초하여 이루어지기에 기술공학 연구에서도 과학적 상상력은 여전히 중요합니다. 이 책에서는 과학적·공학적 상상력의 두드러진 특징이 무엇인지, 21세기 한국 사회의 맥락에서 이런 상상력을 어떤 방향으로 '확장'하는 것이 필요한지에 대해 알기 위해 위대한 상상력을 보여주었던 과학자·기술자·공학자의 연구를 살펴보겠습니다.

제가 이 책에서 제시하는 과학적 상상력의 핵심은 의외로 친숙합니다. 상상력에 대한 기존 상식과 다른, '익숙하지 않은' 주장을 통해 친숙한 결론에 도달할 수 있다는 게 왠지 형용모순처럼 들리겠지만 책을 읽어보면 어떻게 그것이 가능한지를 납득할 수 있을 겁니다. 여러분이 이 모순처럼 보이는 상황을 즐기면서 과학적 상상력의 세계를 탐색하길 바랍니다.

이 책의 초고는 제가 한양대학교에서 2012년 1학기부터 네 학기 동안 강의한 핵심교양 과목 〈상상력과 과학기술〉의 내용에 기초하였습니다. 연속적으로 진행되는 강의의 '현장감'을 살리려고 녹취한 내용을 많이 다듬지 않았습니다. 기획 및 편집 과정에서 여러 유용한 제안을 해주신 휴머니스트 편집부에 깊이 감사드립니다.

이 책이 독자들의 상상력을 조금이나마 자극할 수 있길 바라며

2018년 12월

이상욱

차례

우리 시대가 요구하는
상상력은 무엇인가

상상력이란 무엇인가

'상상력'이라고 하면 사람들은 흔히 어떤 이미지를 떠올릴까요? 예를 들어 다음 그림은 구글 검색창에 'imagination', 즉 상상력이라는 단어를 입력했을 때 상위에 제시되는 이미지입니다.

구글이나 네이버 등의 이미지 검색 결과를 보면 사람들이 해당 이미지를 얼마나 자주 사용하는지, 그 이미지가 담긴 웹페이지를 얼마나 자주 링크하는지를 알 수 있습니다. 이런 맥락에서, 전 세계적으로 사람들이 '이매지네이션' 곧 상상력이라는 개념을 사용할 때 가장 손쉽게 떠올리는 이미지 중 하나가 바로 이 그림이라고 할 수 있겠습니다.

이미지를 한번 볼까요? 어떤 느낌이 드나요? 뭔가를 생각하느라 골똘한 사람이 있는데, 그녀의 머리에서 뭔가가 마구 분출되고 있네요. 굉장히 화려하고 다양한 형형색색의 무엇이 넘쳐나는 걸 볼 수 있어

요. 이 형형색색은 아마도 '창의적 생각'을 상징하는 것 같습니다. 그렇다면 우리는 이 그림에서 한 가지를 짐작할 수 있습니다. 적어도 상식적인 수준에서 '상상력'이란 이 이미지가 보여주듯 머리에서 뭔가가 자연스럽게 넘쳐나는 것, 다시 말해 철두철미하게 고민하고 신경 쓰고 애쓰는 과정에서 도출되는 특정 결과물이 아니라 별다른 노력 없이 얻어지는 천재적 영감이나 '아, 이거다!' 싶은 놀라운 발상이 '문득' 생겨나는 것을 의미한다는 점이죠.

그렇게 자연스러운 것이면서 또 언어로 표현하기조차 어려운 뭔가를 통해 즉흥적으로 터져 나오는 것을 흔히 '상상력'이라고 불러왔습니다. 이런 상상력의 특징은 무엇일까요? 예로 든 그림의 화려한 색깔에서도 알 수 있듯이 누가 봐도 "멋지다" "신선하다" "어쩌면 저런 생각을 했을까" "기가 막히네!" 같은 반응을 내놓지 않을 수 없는 호소력이 있다는 점입니다.

그러나 저는 역사 속에서 실제로 활용된 과학기술, 매우 생산적이었으며 성공적이었고 유용했던 상상력은 저 그림이 보여주는 측면, 즉 별다른 노력 없이 자연스럽게 분출되고 그 내용의 참신함에 누구나 동의하고 환영할 만큼 명백한 특징을 거의 갖고 있지 않았다는 이야기를 하고 싶습니다. 오히려 우리가 전혀 생각하지 못했던 특성을 드러냅니다. 즉 과학기술 연구란 무엇이고 과학기술 관련 지식은 어떻게 만들어지며 과학기술 혁신은 어떻게 이루어지는지 등과 더 밀접하게 연관됩니다.

사람들은 대부분 (어떤 경우에는 과학기술자들 스스로도) 과학기술의 상상력에 대해 대강 저 그림이 주는 느낌을 가지고 있습니다. 과학자가 그렇다면 정치인이야 두말할 나위가 없겠지요. 그리고 교육학 연구자들도 저런 상상력을 먼저 떠올리는 것 같습니다. 최근 '창의성' 교육이 강조되면서 과학기술 연구에서 창의성과 상상력을 높이는 과학 교육 방법론을 연구하는 이가 많은데요. 그분들이 하는 이야기를 들어보면 실제 과학기술에서 상상력이 생산적으로 활용된 구체적 사례 연구로부터 도출된 결론과 어긋나 있는 경우가 많아요. 저는 이것을 그저 '의견 차이'라고 간단히 넘길 일은 아니라고 봅니다.

과학적 창의성이나 상상력에 대해 다양한 방식의 연구가 가능하고 그 결과를 해석하는 데 의견 차이를 보이는 것은 학술 연구의 특성상 자연스러운 일입니다. 하지만 특정 해석이나 견해가 경험적 증거에 정면으로 반한다면 적어도 증명의 부담은 반하는 쪽에 있습니다. 제가

caption
과학철학자 칼 포퍼.

강조하고 싶은 부분은 과학적 창의성이나 상상력에 대한 제 생각이 모두 옳지는 않더라도, 저 위의 그림과 같은 방식으로 상상력을 이해하는 것은 적어도 과학기술적 맥락에서는 경험적으로 틀렸다는 점입니다.

일찍이 과학철학자 칼 포퍼Karl Popper. 1902~1994가 지적했듯 특정 이론이 참임을 경험적으로 보이기는 어려워도(사실 포퍼는 논리적으로는 아예 불가능하다고 봤죠), 문제가 있음을 경험적으로 보이기는 상대적으로 쉽거든요. 앞으로 독자 여러분은 이 책에서 '상상력'이라는 것이 과학기술 연구의 맥락에서는 통상적으로 이해되는 방식과 상당히 다르게 작동한다는 사실을 발견하게 될 것입니다. 그리고 이 점을 잘 이해하고 나면 과학기술만이 아니라 일반적으로 다른 학술 연구에서 필요로 하는 상상력 또한 과연 어떤 내용이 되어야 하는지도 짐작할 수 있을 겁니다.

과학과 기술 속의 상상력

이 책에서 저는 상상력을 키워드 삼아 과학과 기술의 실천적 측면을 철학적·역사적·문화적으로 살펴보고자 합니다. 그러므로 이 책은 과학기술 교양서라고 하기도, 인문서라 하기도 어렵습니다. 물론 과학기술 관련 내용이 많습니다. 하지만 저는 과학기술 자체보다는 그 내용을 따져볼 것이고, 결론을 도출하는 과정에서 인문·사회과학적 사유 방법을 쓸 것입니다.

저는 이 책의 목표를 다음 네 가지 정도로 잡고 있습니다. 첫째, 상상력을 성공적으로 발휘하면서 생산적으로 과학기술을 발전시킨 사례를 살펴보며 과학기술의 진보나 혁신을 이루는 데 결정적 기여를 한 상상력은 어떤 방식으로 발휘되었는가를 살펴볼 겁니다.

둘째, 과학기술 연구의 예술적 성격을 살펴봅니다. 과학기술이 예술과 무슨 상관이냐고 생각하기 쉽지만 실은 긴밀한 연관이 있습니다. 특히 문과·이과 구분에 익숙한 사람들은 과학은 과학이고, 예술은 예술이며, 문학은 문학이고, 기술은 기술이라는 식으로 각 분야가 극단적으로 구분된다고 생각하기 십상이죠. 물론 그렇습니다. 각각의 분야는 당연히 다릅니다. 차이점이 없다는 게 아닙니다. 하지만 그 다름의 방식이, 사람들이 흔히 생각하듯 '이분법적으로 다른' 것이 아니라 특별히 흥미로운 방식으로 다르죠. 저는 바로 그런 측면을 살펴보고자 합니다.

셋째, 과학기술 연구에 필요한 진정한 창의성이 무엇인지 탐구합니다. 제가 예전에 재미있는 경험을 했는데요. 어느 회의 자리에서 '창의성 교육'을 연구하는, 특히 초등학교에서 창의성 교육을 담당하는 분과 이야기를 나눈 적이 있습니다. 그분이 '창의성'이 얼마나 오용되는지를 생생히 느낀 사례가 있다면서 이런 이야기를 들려주더군요. 초등학생들이 참가하는 '창의적 아이디어 대회' 심사를 하러 갔는데, 한 학생이 하늘을 보라색으로 그리더래요. 그래서 왜 하늘을 보라색으로 그렸냐고 물었더니 "하늘이 파랗다고 생각하는 건 너무 틀에 박힌 생각이잖아요"라고 대답하더랍니다. 뭐, 그 아이가 틀렸다는 것은 아닙니다. 하늘이 파랗다고 생각하는 건 진부하니까 그 틀에서 벗어나 하늘을 보라색으로 칠할 수 있습니다. 그런데 한 발 더 나아가 보라색 하늘이 '왜' 창의적이냐고 물으니 대답을 못하더라는 겁니다. 그냥 파란색이 아니니까, 즉 기존의 통념과 다른 걸 시도했으니까 창의적이라고 여겼다는 이야기입니다. 그런가요? 기존의 것과 '다르기만 하면' 창의적인가요?

'다름'에만 호소하는 창의성은 과학기술 연구에서는 뜻밖에도 별 쓸모가 없습니다. 어쩌면 예술에서는 '기존의 것과 다른 것을 시도해보는 것' 자체가 의미를 지닐 수 있습니다. 하지만 과학에서는 단순히 새로운 생각을 한다거나 새로운 실험을 해보는 것만으로는 '의미 있는 창의성'이 발휘된다고 하지 않아요. 거기에 무언가가 더해져야 하죠. 그것이 무엇인지 살펴보고자 합니다.

넷째, 현재 21세기 한국 사회가 처한 상황을 탈추격형 과학기술개발 단계라고 이야기하는데, 이 말이 과학기술적 상상력의 관점에서 정확히 어떤 의미인지 살펴보려 합니다. '추격형 과학기술개발 단계'란 우리보다 기술적으로 앞섰던 선진국들이 과학기술개발을 어떻게 했는지 연구해 그들보다 더 빠르고 압축적으로, 예컨대 그들이 5년 만에 해낸 일을 우리는 석 달 만에 해내는 식으로 과학기술 선진국을 추격하던 시기를 말합니다. 우리나라가 탈추격형 과학기술 연구 단계에 진입했다는 것은 과거에 써왔던 이런 압축 추격 방식이 더는 성공을 거두기 어려운 단계로 접어들었다는 의미입니다. 역설적이게도 우리가 추격형 과학기술개발을 워낙 잘해내서 이제 더는 그 전략을 쓸 수 없게 되었다는 말이기도 하죠. 이미 여러 분야에서 우리나라의 과학기술 연구 역량은 세계 최고 수준에 도달했습니다.

문제는 우리가 열심히 추격하는 처지에 있을 때는 고민하지 않아도 되었던 사안을 이제는 고민해야 한다는 점입니다. 1등 혹은 '앞선자'의 부담이 생겼어요. 항상 비전을 제시해야 하는 겁니다. 미래 기술의 방향은 무엇인지 알아내야 하고, 그 방향이 맞다고 우리를 뒤따르는 기술 후진국들을 설득해야 합니다. 그래야 1등을 유지할 수 있습니다. 그런데 우리는 지금껏 방향을 제시하거나 설득을 해본 경험이 별로 없습니다. 정답이 명확한 상황에서 그 정답을 하루라도 더 빨리 써내는 데만 익숙했지요. 그것이 왜 답인가, 혹은 좀 더 근본적으로 우리가 제대로 된 질문을 던지고 있는가, 이것이 답이라고 다른 사람들을 설득하려면 어떤 점을 부각해야 할까 하는 문제에 대해서는 고민해본

적이 별로 없다는 겁니다.

이제부터라도 그런 문제에 대한 성찰이 필요합니다. 그래야 세계 최고 수준으로 과학기술 연구를 선도해나갈 수 있습니다. 학술적 성찰이 필요하다는 당위를 말하는 것이 아닙니다. 현재 대학생들이 학교를 졸업하고 회사에 들어갈 시기쯤 되면 정말로 이 문제를 신경 쓰지 않으면 실질적이고 효율적인 방식의 기술개발을 해내기가 어렵다는, 매우 현실적인 이야기를 하고 있는 겁니다. 그래서 이런 문제를 생각할 때 어떤 점을 고려해야 하는지, 특히 과학기술적 상상력 개념을 어떻게 확장해야 하는지 이 책에서 구체적으로 논의해보고자 합니다.

'자유로운 시민'에게 필요한 교양 교육

'상상력과 과학기술'이라는 주제는 이과와 문과의 경계를 넘어서는 공부입니다. 저는 대학에서 학생들을 가르치고 있는데, 현재 우리나라 대학들은 이과생이든 문과생이든 교양과목 이수가 졸업의 필수 요건입니다. 예를 들어 어떤 학생이 기계공학과에 재학 중이라면 당연히 그는 기계공학을 공부하려고 대학에 들어온 것이죠. 그런데 학교에서 교양과목을 '이수'해야 졸업을 시켜준다니까 그야말로 '교양도 쌓기' 위해 교양과목 강의를 듣습니다.

대학 교육의 역사를 살펴볼 때 이는 참으로 기이한 생각입니다. 전세계적으로도 유례가 별로 없는 일이죠. 다만 한국·중국·일본 등 동북아 지역의 대학에 퍼져 있는 생각 같습니다. 이들 나라는 모두 빠른

속도로 근대화를 이룩했다는 공통점이 있죠. 국가 만들기nation-building
가 대학 교육이 도입되고 정착되던 시기에 사회 전체의 중요한 가치
로 여겨졌던 탓에 뭔가 쓸모 있는 지식, 취업과 직결되고 산업과 연계
될 수 있는 전공과목 교육이 중시되는 환경이 등장했으리라 짐작할
수 있어요. 반면 교양 교육은 배워도 그만, 안 배워도 그만인 것, 문화
강좌처럼 상식이나 취향과 관련된 것이라는 생각이 널리 퍼지게 되었
지요.

하지만 이런 구별은 교양 교육의 역사적 실재에 비추어 근거가 전
혀 없습니다. 역사적으로만 무의미한 것이 아니에요. 우리가 학문적으
로 선도적이라고 생각하는 나라들의 대학 교육에서는 우리에게 익숙
한 의미로서 전공/교양의 구별 자체가 아예 없습니다. 교양 교육은 영
어로 '리버럴 아트 에듀케이션Liberal Arts Education'입니다. 영어가 좀 이
상하죠? 왠지 교양은 '코먼 센스 에듀케이션Common Sense Education', 즉
상식 교육이어야 할 것 같은데 말입니다. 자유의 형용사에 해당하는
리버럴Liberal이 왜 '교양 교육'에 나올까요?

이유가 있습니다. 교양 교육은 고대 그리스에서 시작되었지요. 고대
그리스에서 교양 교육은 '리버럴'의 뜻 그대로 '자유로운' 시민을 양성
하기 위한 교육을 의미했습니다. '아트'는 통상적으로 기예라고 번역
할 수 있으니 결국 '리버럴 아트'란 고대 그리스 시민사회에서 자유로
운 시민으로서 제대로 활동하는 데 필요한 기예를 뜻합니다. 그리고
'리버럴 아트 에듀케이션'은 자유로운 시민이 필수적으로 갖추어야 할
역량을 교육하는 일에 해당합니다.

고대 아테네에서 이뤄진 다양한 교육을 묘사한 도기 그림.

고대 그리스는 노예제 사회였어요. 전체 인구 중 소수 엘리트만이 '자유로운 시민'에 해당했지요. 여성은 아무리 똑똑해도 정치적 권리를 갖지 못했기에 시민이 될 수도 없었습니다. 결국 소수의 자유로운 시민이 자신의 권리를 제대로 행사하기 위해 '필수적'으로 받아야 하는 교육이 바로 교양 교육이었습니다.

자유로운 시민은 뭘 해야 하죠? 고대 그리스는 '직접 민주주의' 국가였습니다. 자유로운 시민들이 모여 국가의 중요한 문제를 토론하고 그 결과에 따라 여러 가지를 결정했습니다. 이때 개별 시민은 자기주장을 펴면서 다른 사람을 설득해야 해요. 그러려면 '수사학'이 필요하겠죠. 그리고 토론을 할 때는 정확히 맞아떨어지게 말을 해야 할 겁니다. 그래서 '논리학'도 필요합니다. 그다음에는 뭐가 필요할까요? 당연히 '문법'에 맞게 이야기를 해야겠죠? 이렇게 해서 고대 그리스의 자유로운 시민에게 필수적인 교양 교육은 수사학, 논리학, 문법이 됩니다.

고대 그리스의 당대 상황과 사회적 환경에서 자유로운 시민이 갖추

과학은 이것을 상상력이라고 한다

어야 할 필수 덕목은 문법과 논리에 맞게 자신의 주장을 펴서 다른 사람들을 설득하는 일이었던 거죠. 이 점이 중요합니다! 사실 전공 교육은 어떻게 보면 선택적 교육이에요. 특정 분야를 깊이 공부하는 것은 해도 되고 안 해도 되는 일이지요. 그에 비해 교양 교육은 그 교육이 제공되는 당대 사회의 맥락에서 보자면 한 사람이 제대로 된 시민으로 기능하려면 반드시 갖추어야 할 보편적 능력을 가르치는 것이라고, 고대 그리스인들은 생각했습니다.

교양 교육의 목적이 이렇다 보니 시대마다 교양 교육의 내용이 달라집니다. 사회가 바뀌니까 그에 따라 필요한 교양 교육의 내용도 바뀌는 거죠. 고대 그리스 사회처럼 소수의 자유로운 시민이 직접 민주주의를 할 때 필요한 자유로운 시민의 역량과, 기독교 전통 안에서 일종의 세속화된 신정정치가 이루어진 서양 중세에 필요한 자유로운 시민의 역량은 다를 수밖에 없습니다.

중세 유럽 대학의 교양 교육에 해당하는 '아르테스 리베랄레스artes liberales'에서는 고대부터 내려온 전통적 3과(수사학·논리학·문법)에 수학·기하학·음악·천문학 4과가 추가되었어요. 수학·기하학·음악·천문학이 교양 교육이라니 이상하지 않습니까? 음악이 들어갔는데 왜 미술은 빠졌을까, 기하학은 어차피 수학의 한 종류인데 왜 따로 들어갔을까 하는 의문을 불러일으킵니다.

교양 교육의 본래 목적과 중세 대학의 지적 환경을 고려하면 금세 답이 나옵니다. 중세 시대에 교양이란 대학을 졸업한 뒤 그 시대의 엘리트 시민으로 사는 데 필수적인 것을 가리킵니다. 그래서 법학이나

23

의학은 이 범주에 포함되지 않습니다. 법학이나 의학은 중세 대학의 대표적 전문교육 과정이었어요. 하지만 나중에 법률가가 되든 의사가 되든 정치인이 되든 상관없이 중세 엘리트 시민으로 살려면 꼭 익혀야 할 내용으로 수학·기하학·음악·천문학이 포함되었던 겁니다. 우리에게는 이 네 과목이 의학이나 법학만큼이나 전문적인 내용으로 느껴지지만 말입니다.

중세에도 자유로운 시민의 핵심은 '스스로 판단하는 능력'을 갖춘 독립적 '주체'입니다. 그러므로 중세의 교양 교육 역시 '중세'라는 상황과 맥락에서 그 교육을 받은 사람이 스스로 판단하고 다른 사람들의 말을 제대로 평가할 수 있는 역량을 계발하는 데 그 목적이 있었을 겁니다.

기하학(당시에는 이것이 곧 유클리드 기하학을 의미했는데요)은 고대 그리스에서 논리학이 중시된 것과 비슷한 이유로 사람들에게 엄밀한 추론을 위한 기본 소양이라고 여겨졌어요. 기하학 지식 자체가 아니라 기하학을 통해 어떤 전제에서 출발해 어떤 과정을 거쳐 어떤 결론을 의심의 여지가 없이 제대로 도출해낼 수 있는 것, 그 기법을 익히는 것이 엘리트 시민이 갖추어야 할 능력이라고 생각했던 것이죠.

음악이 포함된 까닭은 무엇일까요? 현대인들은 음악을 여흥거리 정도로 생각하지만, 중세 시대에 음악은 피타고라스Pythagoras, 기원전 580?~기원전 500?의 전통을 이어받아 기하학이나 수학과 밀접한 관련을 갖는 분야였어요. 요즘 말로 하자면 조화와 비율 같은 음악의 이론적 특징이 강조되었지요. 여러 음을 조화롭게 엮어 소리를 냈을 때 그 음

과학은 이것을 상상력이라고 한다

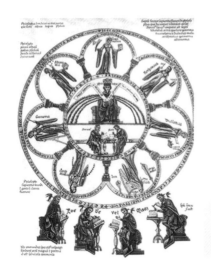

중세 시대 대학의 교양 필수 과목에 해당하는 7과(수사학·논리학·문법·수학·기하학·음악·천문학)를 묘사한 그림.

의 조화가 정신을 정화하고 우주를 움직이는 원리를 표현한다고 믿었습니다. 실제로 '천상의 음악'이라는 표현을 보면, 이것이 현재는 기막히게 좋은 음악에 대한 비유적 표현으로 이해되지만 원래는 지구 중심적 우주론에서 천체가 천구에 얹혀 움직이는 조화로운 원리를 표현한 것입니다.

　음악이 갖는 기호학적 상징성 및 그와 연관된 정치적 의미도 무척 중요했습니다. 사실 이건 동서양의 고전음악에서 공히 강조되었죠. 동양 전통에서 (듣기에는 다소 지루할 수 있는) 정악正樂을 연주함으로써 왕의 통치행위의 정당성을 표상하거나, 서양 전통에서 예컨대 엘리자베스 여왕의 즉위식을 위해 새롭게 음악을 작곡해 연주하는 행위 모두 음악의 기호학적 사용을 보여주는 사례입니다.

사실 유럽의 중세 성당에 들어가 그레고리안 성가를 들으면 그냥 오디오로 듣는 것과는 사뭇 느낌이 다릅니다. 특별히 종교적인 사람이 아니더라도 웅장한 중세 성당 안을 가득 채우며 그레고리안 성가가 울려 퍼질 때, 고층 빌딩 하나 없던 중세 시대를 살아간 사람들이 어떤 느낌으로 그 음악을 들었을지 짐작하게 됩니다. 그들은 우주 전체에 충만한 조화를 느꼈을 겁니다. 중세사회에서는 음악이 이토록 중요한 의미를 가졌기에 중세 교양 교육에 음악이 포함되었던 것이지요.

천문학도 마찬가지입니다. 중세 천문학은 현재 우리가 이해하는 천문학보다 훨씬 더 실용성이 강조된 학문이었습니다. 지금이 몇 시인지 알고 싶거나 오늘이 몇 월 며칠인지 헷갈릴 때 우리는 휴대전화를 보면 됩니다. 하지만 중세에는 오늘이 며칠이고 지금이 몇 시인지 알아내는 게 결코 쉬운 일은 아니었지요. 달력도 제각각이었고 그 달력을 만드는 일 자체도 꽤 어려웠으니까요.

중세의 지식인이라면, 다시 말해 중세에 대학 교육을 받은 엘리트 시민이라면, 하늘을 바라보면서 지금 해가 어디에 떠 있고 (밤이라면) 별이 어디에서 보이니까 내가 있는 곳은 유럽 대륙의 어느 지점이고 현재 시각은 몇 시겠구나 하는 정도는 알아낼 수 있어야 했어요. 물론 현재 우리가 GPS로 간단히 파악할 수 있는 정확도에는 한참 못 미치는 어림짐작의 계산이지만 천체의 움직임을 통해 생활의 필수적 시공간 정보를 얻어내는 능력이 중세 시대 자유로운 시민의 필수 능력이었습니다. 요컨대 중세 시대 교양 교육에서 가르친 천문학이란 언제 씨를 뿌리고 언제 추수를 하고 언제 부활절 행사를 준비해야 하는지 등등 그 시대의 핵심적 활동을 수행할 수 있는 기초 정보를 자유로운 시민 스스로 얻어낼 수 있는 능력과 관련되었습니다.

바로 그런 맥락에서 수학도 일상생활에 필요한 사칙연산 능력과 간단한 방정식 풀이 등의 내용을 담고 있었어요. 이처럼 중세 대학의 교양 교육 역시 고대 그리스 시민사회의 교양 교육과 마찬가지로 당대를 살아가는 '자유로운 시민'에게 필요한 핵심 역량을 가르치는 것이었죠. 르네상스를 거치며 문학·역사·예술 교육의 인간정신 교화 능력에 주목하면서 교양 교육이 인문학 위주로 재편된 것이고, 19세기 이후 서양의 문법학교grammar school를 중심으로 현재 우리가 알고 있는 고전 위주의 교육으로 재편된 것입니다.

그런데 이 부분도 주의가 필요합니다. 흔히 교양 교육을 제대로 하려면 고전을 읽어야 한다는 주장을 하는데요. 이때 교양 교육이 반드시 고전 교육이라는 생각은 교양 교육의 본래 정신에 위배된다는 점을 잊지 말아야 합니다. '교양 교육은 동서양의 고전을 깊이 공부하는 것이면 충분하다'라는 생각에는 문제가 있습니다. 교양 교육의 역사적 변천을 고려할 때 각 시대마다 교양 교육의 내용은 그 시대의 자유로운 시민에게 필수적으로 요구되는 역량과 관련된 것으로 채워졌습니다. 19세기 문법학교의 교양 교육에서 라틴어와 그리스어가 강조된 배경에는 르네상스 시기에 시작된 고대의 재발견, 즉 그리스·로마 고전 시대에 대한 이해가 당시 엘리트 시민에게 필수적 역량으로 여겨졌다는 사실이 자리 잡고 있습니다.

그렇다면 21세기 한국 사회를 사는 우리에게 필요한 교양은 무엇일까요? 오늘날에는 과학기술의 영향력이 점점 더 커지고 있습니다. 현대사회의 '자유로운 시민'이 갖추어야 할 필수적 '교양'은 이런 의미에서 '과학기술에 대한 통합적 이해'가 되어야 합니다.

'융합 능력'이 필요한 시대

교양 교육의 역사적 배경을 고려할 때 21세기 한국 사회를 살아가는 사람들이 쌓아야 할 교양은 당연히 '이 시대가 요구하는' 교양이어야 합니다. 이 시대가 요구하는 교양이 정확히 무엇인가? 이를 두고는 다양한 견해가 나올 수 있지만, 적어도 그 중요한 한 부분이 과학기술에 대한 통합적 이해 곧 '융합 능력'이라는 데는 논란의 여지가 없어 보입니다.

그런데 이 '융합 능력'에 대해 또 오해가 많습니다. '융합 능력'이란 모든 사람이 모든 주제에 대해 잘 아는 만능 박사여야 한다는 말이 아닙니다. 특정 주제에 대한 전문적 능력이 필요 없다는 말도 아닙니다. 융합 능력이 중요시되는 사회에서도 전문적 능력은 필수입니다. 모든 사람이 각자 특정 분야의 전문적 능력을 갖추고 여기에 더해 르네상스기 지식인의 박학다식까지 갖추어야 한다는 말은 더더욱 아닙니다. 그런 성취를 할 수 있다면야 더할 나위 없이 좋겠지만, 그것이 21세기 현대 사회의 '교양'으로 요구되는 능력일 수는 없습니다.

융합 능력이 무엇을 가리키는지 정확히 파악하기 위해, 과학기술과 관련된 구체적 상황을 예로 들어봅시다. 한때 홍역이나 풍진 예방을

과학은 이것을 상상력이라고 한다

위해 어린아이에게 맞히는 MMR 백신을 두고 상반된 주장이 나와 팽팽히 맞섰던 적이 있습니다. 한쪽에서는 이 백신이 위험할 수 있다고 주장했고 다른 한편에서는 별 문제가 없을 뿐 아니라 맞히지 않는 것이 오히려 위험하다는 주장을 펼쳤죠.

논란의 결과부터 이야기하자면, 현재는 이 백신을 맞히는 것이 '합리적 판단'이라는 쪽으로 상당히 기울어 있습니다. MMR 백신의 위험성을 지지하는 연구결과가 상대적으로 과학적 신뢰성이 떨어진다고 여겨지기 때문이죠. 그럼에도 불구하고 부작용이 전혀 없는 백신은 세상에 없으며, 예방 효과가 전혀 없는 백신 또한 없는 것이 사실입니다. 이렇듯 상반된 주장이 맞서는 상황일 때 과연 어린 자녀를 둔 부모라면 어떤 선택을 해야 할까요?

백신 전문가나 보건 분야 전문가의 이야기도 듣고 비슷한 상황에 처했던 다른 부모들의 경험담도 참고하겠죠. 하지만 전문가 사이에도 의견 차이가 있다면? 설령 전문가 사이에 대체적 합의가 이루어지더라도 그 견해에 따를 때 구체적으로 어떤 행동을 취해야 하는지가 불명확하다면? 결국 관련 정보를 모두 수집한 뒤 최종 판단은 부모 스스로 내릴 수밖에 없습니다. 그런데 이 상황은 그리 간단치가 않습니다. 복잡한 사정이 있다는 이야기죠. 예방접종이 효과를 내려면 인구의 일정 비율 이상은 접종을 받아야 합니다. 그래야만 해당 질병에 대한 집단 면역력이 사회적 범위에서 유지되거든요. 이런 사항까지 고려하면, 자녀의 예방접종 여부를 판단하는 과정은 단순히 부모로서 하는 개인적 결정만이 아니라 시민으로서 하는 사회적 결정이라 할 수 있습니다.

그런데 이토록 중요한 결정을 과학기술 전공자에게 전적으로 일임해도 괜찮을까요? 당연히 관련 전문가 의견을 참고해야겠지만 이때 '관련 전문가'가 비단 과학기술자이기만 해서는 안 될 것 같습니다. 현대사회에서 과학기술의 영향력은 너무나도 크고 광범위합니다. 특정 주제의 과학기술 전문가가 과학기술 및 사회의 모든 주제에 대해 절대적 권위를 갖기는 어렵기 때문에 다양한 분야에서 전문가 의견이 종합되어야 합니다.

나아가 예방접종처럼 개인적인 동시에 사회적인 결정을, 21세기 한국 사회를 살아가는 한 사람 한 사람이 내려야 합니다. 그 결정이 현명한 결정이 되도록 하는 데, 바로 융합 능력이 필요한 것입니다. 문과 출신이든 이과 출신이든 우리 시대의 교양 교육으로서 과학기술을 올바르게 이해하고 합리적으로 따져볼 줄 아는 능력을 반드시 갖춰야 한다는 것이죠.

저는 몇 년 전 아주 인상적인 경험을 했습니다. 2012년 대만의 남쪽 도시 타이난에 있는 국립 쳰쿵 대학에서 대만 교육부가 후원하는 교양 교육 관련 국제학술대회가 열렸습니다. 대회 주최 측에서 제가 한양대학교에서 개발해 운영 중인 〈과학기술의 철학적 이해〉라는 과학기술 기초필수 교양 과목에 대해 설명해달라며 저를 초청했습니다. 사실 전교생을 대상으로 과학기술 관련 융합 교육을 제공하는 대학은 국제적으로도 거의 없습니다. 학술대회 주최 측은 이 교육이 어떤 취지에서 시작되었고 어떤 시행착오를 겪었으며 어떤 성과를 냈는지, 미래의 발전 방향은 무엇인지 등을 궁금해했습니다.

대만의 국립 첸쿵 대학에서 개최된
"International Conference On Cultivating
Citizen's Core Competence" 포스터.

　한국의 융합 교육을 다른 나라에 소개한다는 자부심으로 학술대회에 참석했는데, 정작 제가 더 놀랐고 많이 배웠습니다. 일단 학술대회 제목이 굉장히 인상적이었어요. 학회 포스터를 보면, 우선 현대공민現代公民, contemporary citizen이라는 단어가 눈에 들어옵니다. 제가 앞서 설명한 '시민을 위한 교양 교육' 개념이 떠오르지 않나요? 다만 차이는 고대 그리스 시대에는 소수의 자유로운 남성만이 그 시민이었지만, 현대에는 모든 사람이 동등하게 자기 판단에 따라 결정하고 의사결정 과정에 참여할 수 있는 시민이라는 점이죠.

　이런 현대적 의미에서 공민, 즉 특별한 사람이나 엘리트에 국한하지 않고 모든 사람이 자유로운 시민이 되는 상황에서 그 시민들을 교육해야 할 때 과연 어떤 교육을 시켜야 하는가? 바로 그때 등장하는 개념이 대회 포스터에서 확인할 수 있는 또 다른 중요한 개념, 즉 핵심능력核心能力, core competence입니다. 즉 현대의 시민들에게 21세기 현대 사회를 살아가는 데 필요한 핵심능력을 가르치겠다는 의도가 담겨 있습니다. 이게 정확히 제가 설명했던 교양 교육의 목표입니다. 그래서 저는 이 학술대회 제목이 아주 마음에 들었어요.

또 하나 마음에 들었던 것은 학술대회의 진행 방식이었습니다. 오전에는 각 나라의 '현대공민 핵심능력 양성'을 위한 교양 교육 사례에 대한 기조 발표를 듣고 그에 대한 토론을 했습니다. 오후에는 교양 교육을 담당하는 교수진이 조를 이뤄 각자 몸담은 대학에서 시행했던 교양 교육 실험의 결과를 공유하며 성공적 교육법을 찾아나갔죠. 추상적으로 이런 교육을 해야겠다는 논의에 머물지 않고, 각 대학의 특성에 맞게 '현대공민 핵심능력'을 위한 교양 교육을 어떻게 실행할지 진지하게 구체적으로 고민하는 기회였습니다.

현대 시민의 핵심역량

대만 교육부에서는 '현대공민 핵심능력'으로 다섯 가지를 꼽았습니다. 윤리, 민주주의, 과학, 미디어/커뮤니케이션, 미학이 그것이죠. 물론 이것이 21세기 현대 교양 교육의 '정답'이라 말할 수는 없습니다. 하지만 유럽과 일본에서 온 초청 강연자도 비슷한 내용의 역량을 강조한다는 점을 고려할 때 우리에게도 중요한 참고가 되리라 봅니다.

대만의 '현대공민 핵심능력 다섯 가지'에 미학이 들어간다는 게 좀 독특한데요. 대만의 전 국민이 '미학'이라는 학문을 배워야 한다는 의미가 아니라, 미적 경험을 즐기고 미적 판단을 할 수 있는 능력을 갖춰야 한다는 의미로 이해하면 됩니다. 미학을 강조한 것은 대담한 시도이자 '시민의 풍요로운 삶'에 대한 대만 사람들의 지향이 느껴지는 좋은 시도라고 생각합니다.

미디어/커뮤니케이션, 민주주의, 과학 세 가지는 유럽과 일본에서 온 초청 강연자도 현대 시민의 핵심역량으로 꼽았습니다. 이 세 가지 능력에 대해서는 세계적으로도 상당한 공감대가 형성된 것이라 볼 수 있겠죠. 이 세 항목이 분과학문의 명칭이 아니라 '능력' 혹은 '역량'이라는 점에 주목하기 바랍니다.

'미디어/커뮤니케이션' 능력을 기르자고 할 때 이는 대다수 대학에 있는 미디어커뮤니케이션학과의 전공 내용을 온 국민이 배워야 한다는 의미가 아닙니다. 현대 시민이 갖춰야 할 핵심능력으로서 한 사람한 사람이 신문이나 방송 등 미디어의 내용을 정확히 이해하고 이를 보충해줄 정보를 인터넷 등 다른 매체에서 적절히 찾아내 관련 쟁점에 관해 합리적으로 균형 잡힌 판단을 스스로 내릴 수 있는 능력을 기르자는 이야기죠.

신문이나 방송 내용을 제대로 이해하려면 이들 매체가 갖는 내적 논리 혹은 '문법'을 먼저 이해해야 합니다. 흔히 기사문記事文이라 하면 핵심 내용을 먼저 한 문장으로 제시한 뒤 상세 내용을 순차적으로 서술하는 방식으로 작성됩니다. 어떤 독자가 시간 여유가 없어 처음부터 끝까지 읽지 못하고 어느 지점에서 멈추더라도 최대한 정보를 얻어 갈 수 있도록 기사를 쓰는 겁니다.

마찬가지로 대중매체에서 이미지를 배치하는 방식이라든지 논쟁적 사안을 소개하는 방식 등에도 '문법'이 있습니다. 대중매체는 사회적 논쟁이 있는 주제에 대해, 설사 그 주제를 둘러싼 전문가의 판단이 한쪽으로 이미 상당히 기울었다 하더라도 마치 권투 경기 직전 선수들이 기선을 제압하려 상대 선수에게 위협적 행동을 하듯 연출합니다. 즉 찬반양론이 분명한 대결 구도를 만들어 양쪽의 의견을 구하고 그 분량 역시 기계적이라 할 정도로 똑같이 맞추는 거죠.

이런 매스미디어의 문법이 과학기술 관련 사안처럼 주도적 견해와 소수 견해 사이의 인식론 차이가 두드러지는 상황에서는 문제가 될 수 있습니다. 중요한 것은 이런 문법을 알고 읽을 때와 그렇지 않을 때 우리가 얻을 수 있는 정보량에 엄청난 차이가 있다는 사실입니다. 적절한 미디어/커뮤니케이션 능력을 갖추었다면, 이를테면 '저 사람이 어떤 사실을 X라고 이야기하고 싶은데 그럴 수가 없으니까 Y라고 이야기하는 것이구나' 하고 짐작할 수 있게 됩니다. 이유는 여러 가지일 수 있겠죠. 공평하지 않다는 비난을 듣기 싫거나 논쟁이 격한 주제에서 괜히 극단적 지지자를 자극하기 싫은 것일 수 있습니다.

미디어/커뮤니케이션 능력에 대해 이렇게 이해한다면 현대사회처럼 다양한 정보, 상충하는 정보가 범람하는 시기에 이들 정보를 비판적으로 검토하고 종합해 자기 견해를 만들어나가는 능력이 '핵심능력'이라는 데는 쉽게 동의할 수 있을 겁니다. 민주주의나 윤리에 대해서도 유사한 방식으로 이해할 수 있습니다.

얼핏 보기에 그렇지 않을 것 같지만 과학도 바로 이런 의미에서 '핵심능력'입니다. 모든 사람이 과학의 모든 분야에 정통해야 한다는 터무니없는 말이 아닌 거죠. 또 그보다 좀 약화된 주장, 현대 시민이면 무릇 현대 과학 분야 전체의 '기초' 정도는 파악하고 있어야 한다는 지식 위주의 요구도 아닙니다. 현대사회에서 과학이 핵심능력이라는 말은 현대인들이 삶에서 과학기술 관련 쟁점을 많이 접하게 되므로 그런 것들을 살펴보고 판단하고 이해하고 토론해 합의를 도출할 수 있는 능력을 키워야 한다는 말입니다.

과학이 우리 삶에 미치는 영향력의 범위와 깊이에 대해서는 거의 모든 사람이 동의할 수 있을 정도로 논란의 여지가 없습니다. 그러니까 우리가 원하든 원하지 않든 우리 삶 전체가 과학기술과 밀접하게 연관되어 있으니(이 점은 우리의 삶과 휴대전화의 관계만 생각해봐도 쉽게 알 수 있죠!), 그 연관의 여러 측면에 대해 '자유로운 시민'으로서 우리 스스로 통제하고 판단하며 관련 쟁점에 대해 논의하고 토론하고 중요한 결정을 내릴 수 있어야 한다는 겁니다. 그런 의미에서 과학(능력)은 현대 사회의 핵심능력(역량)임에 분명합니다.

과학이란? 과학자란?

'과학'이나 '과학자'라는 말을 들으면 어떤 이미지가 떠오르나요? '과학자'라고 하면 사람들이 전형적으로 떠올리는 이미지가 있습니다. 옷은 흰색이어야 하고 왠지 머리는 부스스해야 할 것 같습니다. 꽤 똑똑해 보이기는 하는데 좀 엉뚱해 보이기도 합니다. 그런데 우리가 이 책에서 살펴볼 과학자 혹은 과학 이야기는 그런 전형화된 이미지가 아닙니다. 과학연구 과정의 구체적 현장에서 드러나는 여러 모습과 특징을 살펴볼 것입니다.

사실 '과학'이라는 말이 현재와 같은 의미로 통용된 것은 19세기 중반부터입니다. 영어 사이언스science는 라틴어 시엔티아scientia에서 온 말인데요. 상당히 오래된 용어입니다. 18세기 무렵까지 시엔티아는 철학처럼 통합적 앎이 아닌 선박제조술이나 법률 같은 개별적 지식을 의미했어요. 그렇다면 우리가 현재 '과학'이라고 이해하는 '자연에 대한 경험적·이론적 탐구'에 해당하는 학문 영역을 가리키는 용어는 무엇이었을까요? 서양에서는 그것을 자연철학natural philosophy이라 불렀습니다. 만유인력 법칙으로 유명한 뉴턴은 자신을 자연철학자라고 생각했지 과학자scientist라고 생각한 적이 없어요.

그저 용어 차이일 뿐이라며 간단히 넘길 수도 있겠지요. 현대의 '과학자'에 해당하는 말이 뉴턴 시대에는 '자연철학자'여서 그렇게 불렸던 것이고 뉴턴이 과학연구를 하던 방식은 현재 과학자와 별다를 게 없다는 식으로 말입니다. 하지만 그런 생각은 역사적으로 볼 때 오류입니다. 사실 '과학자'라는 말 자체가 윌리엄 휴얼William Whewell, 1794~1866이라는 영국 철학자가 1833년 당시 과학연구자들이 자연철학적 통찰력을 잃고 좁은 영역의 문제에만 몰두하는 것을 비꼬려고 쓴 풍자적 표현이거든요.

핵심은 고대 그리스 시대에 우리가 흔히 '과학자'라고 알고 있는 사

람들이 했던 일 혹은 근대과학 여명기에 갈릴레오가 했던 일은 현재의 과학연구와 어마어마하게 다르다는 점입니다. 단순히 과학이 진보하니까 옛날 과학자들은 현대 과학자에 비해 모르는 게 많았다는 정도가 아닙니다. 그건 지식의 내용에 관한 것이고요. 그보다는 당시 '자연'을 연구하던 사람들이 지녔던 정체성 및 구체적 연구방법이 21세기 현대 과학자들과는 너무나도 다르다는 겁니다. 이 점을 이해함으로써, 즉 지금의 과학이 얼마나 독특하고 특별한 방식으로 이루어지는 활동인가를 이해함으로써 우리는 현대과학을 21세기 사회의 현실 속에서 이해할 수 있게 됩니다.

공학과 기술은 어떻게 다른가

기술은 어떨까요? 대학의 기술 관련 학과들은 대체로 '공과대학'에 있지 '기술대학'에 있지 않습니다. 왜일까요? 역사적으로 볼 때 공학 engineering과 기술technology은 아주 복잡한 관계를 맺고 있는 상이한 개념입니다. 기술은 우리 주변 여러 인공물에 거의 적용될 수 있고 그런 의미에서 매우 오래된 개념이지만, 공학이라는 학문은 19세기에 특정 목적을 달성하고자 만들어졌죠. 엘리트 기술자들이 자신들도 과학자 못지않게 과학적 원리와 체계적 방법론에 입각해, 특히 엄밀한 수학을 사용해 기술연구를 수행할 수 있음을 사회적으로 천명하면서 등장한 학문이 공학, 곧 엔지니어링입니다.

그래서 20세기 초까지도 엔지니어들은 대학에서 고등교육을 받은 자신들을 정규 교육을 받지 못하고 도제식으로 길러지는 하급 기술자들과 구별 짓고자 매우 노력했습니다. 고급 엔지니어들만의 학술단체를 만들고 이를 전통적 기술자 단체와 차별화하면서 정체성을 형성해 나갔죠. 이 시기의 엔지니어들은 상대적으로 취약한 자신들의 학술적 위상을 끌어올릴 필요가 있었습니다. 자신들의 연구 작업이 과학에 근거하고 과학지식을 응용한 것이기에 과학자의 작업과 다를 바 없다는 점을 강조했어요.

그런데 20세기 중반이 되자 상황이 좀 달라집니다. 사회적으로 엔지니어의 영향력이 과학자의 영향력보다 커진 거죠. 그러자 이제 공학은 기존의 '과학'으로부터 독립적인 '자율적' 학문이라는 점을 강조합니다. 단순히 과학을 잘한다고 해서 공학도 잘하는 것은 아니라는 이야기였어요. 공학은 분명 과학지식에 근거하고 엄밀한 방법론을 사용한다는 점에서 과학과 유사하지만 과학연구에는 없는 독특한 고려 사항, 예컨대 최근 강조되는 '설계' 혹은 '디자인' 개념이 중요하다는 겁니다.

우리가 어떤 목적을 위해 어떤 요소들을 결합해 어떤 방식으로 설계를 한다고 할 때 가장 바람직한지 설계가 무엇인지 찾아내는 일이 공학에서는 중요합니다. 그런데 이 일이 수학·과학·물리학·화학 지식으로부터 나오는 건 아니라는 이야기입니다. 공학적으로 훌륭한 설계에서 중요한 것은 기초과학 지식을 특정 목적을 달성하기 위해 결합하는 것, 그 과정에서 사회문화적 요소나 경제적 요인을 어떻게 반영할지 적절히 고려하는 일입니다. 바로 이런 의미에서 공학은 과학을 단순히 '응용'한 것이 아니라 나름의 '자율성'을 갖는다는 생각이 20세기 중반부터 힘을 얻게 되죠. 실제로 이 사회에 끼치는 영향은 과학보다 기술이나 공학이 더 광범위하고 직접적이죠. 공학이 과학으로부터 획득한 그 '자율성'의 내용과 지향점을 잘 따져보는 것도 우리가 이 책에서 다룰 중요한 주제 중 하나입니다.

과학과 기술인가 과학기술인가

이제 우리나라의 현실 속에서 중요한 질문을 던져보겠습니다. 우리는 '과학기술'이라는 단어에 익숙합니다. 그런데 과학과 기술을 엮어 복합 개념으로 쓰는 나라는 흔치 않습니다. 아마도 한국·일본·중국·대만 정도일 겁니다. '과학과 기술'이 아니라 '과학기술'이라고, 그러니까 '사이언스 앤 테크놀로지'가 아니라 '사이언스테크놀로지'라고 쓰는 셈이죠. 그런데 영어에 이런 단어는 없으니 '과학기술'을 영문으로 표기해야 할 때는 슬쩍 'and'를 집어넣습니다. 그래서 우리나라 과학 정책 자문 기구인 '국가과학기술심의회'의 영문 표기는 'National Science & Technology Council'입니다.

'과학기술'이라는 용어에서 가장 먼저 연상되는 게 무엇인지 한번 생각해볼까요? 냉장고, 에어컨, 스마트폰, 컴퓨터, 인공지능 등이 떠오를 겁니다. 그런데 사실 이게 다 과학이라기보다는 기술이죠. 이 대목이 흥미롭습니다. '과학'과 '기술'이라는, 서양에선 역사적으로나 문화적으로나 상이한 정체성을 갖는 분야를 결합해 복합 개념으로 사용하는 것도 이상한 데다, 우리가 '과학기술'이라 부르는 것들 대부분은 왜 사실상 '기술'인 걸까요? 왜 '과학기술'이라는 말을 들으면 다윈의 진화론이나 상대성이론은 떠오르지 않는 걸까요?

이는 다 우리 역사와 관련이 있습니다. 서양의 과학기술이 우리나라로 유입된 방식, 그리고 기술이 그 시절 우리에게 어떤 의미로 받아들여졌는가와 관련되죠. 즉 그때 우리가 '과학과 기술을 무엇으로 여겼는가?' 하는 문제와 깊은 연관이 있습니다. 특히 1960~1970년대 개발 독재 시절 이른바 '과학기술'을 정부가 어떤 방식으로 활용해 경제발전을 도모했는가, 그 과정에서 어떤 방식으로 과학기술자와 정부 관료 사이에 암묵적 '동맹'이 맺어졌는가 하는 문제와 관련됩니다.

제가 우리나라 과학기술 역사의 한 장면을 소개하고자 이 이야기를

하는 것은 아닙니다. 이러한 역사적 배경이 현재 우리가 21세기 한국 사회의 맥락에서 과학기술을 바라보는 시각과 밀접하게 연관되어 있음을 밝히려는 겁니다. 우리나라에서 '과학과 기술'이 아니라 '과학기술'이라고 부르게 된 역사적 이유가 있고, 그 이유를 이해하면 21세기 한국 사회의 맥락에서 '과학과 기술'을 둘러싼 여러 쟁점에 더 잘 대처할 수 있을 겁니다.

1장

코페르니쿠스 혁명과
정상과학 패러다임

코페르니쿠스는 핍박받은 천재인가

이제 본격적으로 '상상력'에 대해 이야기해보겠습니다. 앞서 우리는 과학기술에서 중요한 상상력은 사람들이 흔히 생각하는 상상력과는 많이 다르다는 점을 거듭 보았지요. 저는 정해진 틀에서 벗어나 마구 상상한다고 해서 곧바로 '과학적 상상력'이 되지는 않는다고 강조했습니다. "그럼 대체 과학적 상상력이란 무엇인가?" 이런 의문이 생깁니다.

과학적 상상력을 보여준 과학사 속 사례는 아주 많고, 심지어 '혁명'이라는 수식어가 붙는 경우도 있죠. 그중 하나가 '코페르니쿠스 혁명'입니다. 하지만 이 사례는 극단적으로 오해되고 있기도 합니다.

우선, 다음 그림을 한번 봐주세요. 코페르니쿠스Nicolaus Copernicus, 1473~1543가 죽고 나서 그리 오래되지 않은 때인 1575년에 제작된 것

CLARISSIMUS·ET·DOCTISSIMUS·DOC.
TOR·NICOLAUS·COPERNICUS·TORU.
NENSIS·CANONICUS·WARMIENSIS
ASTRONOMUS·INCOMPARABILIS.1576

코페르니쿠스의 초상화(1575).

이니, 당대의 초상화로 봐도 무리가 없을 겁니다. 이 초상화는 코페르
니쿠스가 당대에 어떤 평가를 받았는지를 여실히 보여주면서, 또한 '과
학적 상상력'에 대해 제가 하고 싶은 이야기를 잘 담아내고 있습니다.

　이 초상화를 자세히 살펴보기 전에, 코페르니쿠스가 현대인들 사이
에서 보통 어떻게 이해되고 있는지를 먼저 확인해볼 필요가 있습니다.
오늘날의 통상적이고 상식적인 이해에 따르면, 과학사에서 코페르니
쿠스는 종교적 박해가 너무 두려워 자신의 '올바른' 태양중심설을 살
아생전에는 발표조차 하지 못한 비운의 과학자입니다. 그는 지구가
돈다는 '명백한' 사실을 발견했음에도 당시의 주류 사상인 기독교 교
리와 어긋나는 이론인 탓에 그 명백한 사실을 담은 책《천구의 회전에
관하여De Revolutionibus Orbium Coelestium》(1543) 출간을 죽을 때까지 미

과학은 이것을 상상력이라고 한다

루었다고 전해집니다.

이렇게 코페르니쿠스는 당대의 지배적 견해 '프톨레마이오스 천문학'의 대척점에 있는 인물이 되죠. 명백한 과학적 증거를 무시하는 폭압적 주류 견해에 맞서 홀로 진리를 밝힌 영웅이자 고독하게 저항한 지식인의 이미지를 얻습니다. 더욱이 이 이미지는 최근에 만들어진 게 아닙니다. 코페르니쿠스와 갈릴레오를 거쳐 뉴턴의 근대역학이 행성의 운동을 정확히 설명해내면서, 코페르니쿠스를 근대과학 여명기의 저항적 영웅으로 묘사하는 이미지가 특히 18세기 계몽사상의 시대에 널리 퍼진 것이죠. 볼테르Voltaire나 디드로Denis Diderot 같은 계몽철학자들은 기존 체제를 타파의 대상으로 삼았고, 따라서 기존 체제의 주요 세력인 가톨릭교회에 비판적이었습니다. 그들은 권위를 내세우며 자유로운 사상을 찍어 누르는 보수적 종교 세력에 대항했어요. 그런 까닭에 이들에게는 기존 체계에 저항하면서도 자연철학의 진리를 수호하고자 노력하는 영웅이 필요했습니다. 코페르니쿠스와 코페르니쿠스 이론을 옹호했다는 죄목으로 종교재판을 받았다고 전해지는 갈릴레오Galileo Galilei, 1564~1642의 영웅 신화는 그렇게 만들어졌죠. 결국 '고독한 영웅적 지식인 코페르니쿠스' 이미지는 적어도 200년은 묵은 오래된 편견입니다.

그런데 이게 왜 편견일까요? 코페르니쿠스의 초상화를 다시 볼까요? 그를 라틴어로 '카노니쿠스 아스트로노무스 인콤파라빌리스 CANONICUS ASTRONOMUS INCOMPARABILIS'라고 지칭하는 걸 볼 수 있습니다. 다른 표현도 섞여 있지만 이 표현이 핵심이죠.

그중 쉬운 말부터 보겠습니다. 두 번째 단어 '아스트로노무스'는 천문학자라는 뜻입니다. 영어의 astronomer를 생각하면 됩니다. 코페르니쿠스가 천문학자였으니 이거야 쉽게 이해가 되지요. 그런데 첫 번째 단어 '카노니쿠스'는 좀 뜻밖입니다. 영어의 canonical에 해당하는 이 단어는 두 가지 뜻을 지녔는데 그중 하나가 '교회와 관련된 것' 곧 '교회적'이라는 뜻입니다. 또 다른 뜻은 '표준적' 혹은 '모범적'이라는 뜻입니다. 좀 이상하죠? 코페르니쿠스는 당시의 주도적 견해에 '반기'를 든 고독한 아웃사이더 아니었습니까? 그런데 어째서 그가 표준적이라거나 모범적인 천문학자라는 평가를 받는단 말입니까? 코페르니쿠스는 이단적 주장을 해서 소속 집단 사람들에게 배척당한 천문학자 아니었나요? 뭔가 형용모순처럼 느껴집니다. 마지막 단어 '인콤파라빌리스'는 요즘 영어로 하자면 incomparable입니다. 그러니까 코페르니쿠스는 당대에 견줄 만한 사람이 없을 정도로 뛰어난 천문학자였다는 이야기죠. 우리 생각에 코페르니쿠스는 학계에서 따돌림을 당하거나 주변인으로 머물렀을 것 같은데, 실은 당대에도 이토록 상찬을 받던 인물입니다.

도대체 어찌 된 일일까요? 이 초상화를 그린 이가 코페르니쿠스를 사실과 다르게 주관적으로 평가한 것일까요? 그렇지 않습니다. 그 시대의 천문학자들이 코페르니쿠스를 실제로 어떻게 평가했는지, 코페르니쿠스의 이론은 어떤 평가를 받는지, 교회와 코페르니쿠스의 관계는 어땠는지 등을 꼼꼼히 살펴보면 이 초상화에 나타난 코페르니쿠스에 대한 평가는 매우 정확한 것이었음을 알 수 있습니다.

코페르니쿠스적 발상의 이면

코페르니쿠스는 분명 당대를 대표할 만큼 뛰어난 천문학자였습니다. 그런데 저 초상화에서 기록하고 있듯이 코페르니쿠스가 여타 천문학자와 비교가 불가능할 정도로 탁월함을 보였다면, 그는 어떤 천문학에서 그토록 탁월했던 것일까요? 당연히 지구중심의 우주 모형을 제시한 '프톨레마이오스 천문학'에서 탁월했던 겁니다.

프톨레마이오스 천문학은 당시의 천문학자라면 누구나 예외 없이 학습하고 연구해야 하는 것이었습니다. 그게 기본이었으니까요. 코페르니쿠스 역시 프톨레마이오스 천문학을 공부하는 학자로서 탁월함을 보인 것이고, 그래서 대다수 천문학자들이 그를 칭송해 마지않았습니다.

사실 코페르니쿠스의 '태양중심설'과 프톨레마이오스의 '지구중심설'은, 태양과 지구의 위치만 바꾼 것일 뿐 그 이론적 구조나 수학적 기법은 거의 동일합니다. 코페르니쿠스는 주전원이나 이심원 등 프톨레마이오스 천문학의 수학적 기법에서 '인콤파라빌리스' 수준의 기량을 보여주었습니다. 그래서 다른 천문학자들이 그를 프톨레마이오스 천문학자로서 '카노니쿠스'하다고, 다른 천문학자들의 '모범'이 될 만하다고 평가했던 것이죠.

그러니까 코페르니쿠스는 자기가 가장 잘하던 분야, 최고 실력을 자랑하던 그 분야를 뒤엎은 셈입니다. 모든 사람이 "프톨레마이오스 천문학에 관한 한 코페르니쿠스만큼 잘 아는 사람은 없다"라고 했는데, 코페르니쿠스는 그 천문학에 통달한 동시에 그 천문학을 극복했다

는 이야기가 됩니다. 이건 정말이지 대단한 업적이 아닐 수 없습니다.

과학자가 과학연구만으로 생계를 유지하게 된 것은 19세기 중반의
일입니다. 지금으로부터 200년도 채 되지 않았다는 이야기죠. 물론 그
전에도 과학연구로 먹고산 사람이 전혀 없지는 않았습니다. 뉴턴처럼
대학 교수로서 자연철학을 연구하며 살아갈 수는 있었으니까요. 하지
만 요즘처럼 연구소에 취직하는 식으로 '과학연구' 자체가 직업으로
자리 잡은 것은 과학의 오랜 역사를 놓고 볼 때 극히 최근의 일입니다.
19세기 중반 이전에는 튀코 브라헤Tycho Brahe, 1546~1601처럼 본인이 엄
청난 부자이거나, 갈릴레오처럼 누군가의 후원을 받거나, 그도 아니면
본업으로 생계를 유지하면서 틈틈이 과학연구를 하는 방식을 택하지
않으면 안 됐습니다.

코페르니쿠스는 이 가운데 세 번째 유형에 해당했죠. 비록 코페르
니쿠스가 천문학자로서 전 유럽에 명성을 떨쳤으나 그의 직업 자체
가 '천문학자'는 아니었습니다. 코페르니쿠스는 본업이 따로 있었어

요. 현재 폴란드 북쪽에 위치한 '바르미아'라는 지역의 교회에서 '참사위원'으로 재직했죠. 말하자면 그는 교회의 고위직에 있었습니다. 바르미아 참사회는 대주교를 중심으로 구성된 그 지역의 중요 의사결정기관이었는데, 거기서 코페르니쿠스는 교회가 가진 땅을 관리하는 일, 곧 땅을 나눠 준 뒤 소작료를 받는 등 재정 관련 업무를 처리했습니다. 이따금 주변국과 분쟁이 벌어지면 바르미아 대주교가 보내는 외교사절 노릇을 하기도 했고요.

요컨대 코페르니쿠스는 결코 교회에 반대하거나 저항한 인물이 아니었습니다. 코페르니쿠스의 동료이자 친구였던 참사의원 중에는 대주교가 된 사람도 여럿 있죠. 더군다나 이들은 코페르니쿠스에게 《천구의 회전에 관하여》를 어서 빨리 출간하라고 여러 차례 권유하기도 했어요. 교회가 코페르니쿠스의 태양중심 우주 모형을 담은 저서의 출판을 '반대'한 것이 아니라 '재촉'했던 겁니다.

왜 그랬을까요? 당시 바르미아는 폴란드와 프로이센 등 주변국으로부터 자주 위협을 받는 작은 공국이었습니다. 그래서 바르미아 교단에 속한 코페르니쿠스의 친구들은 당대의 유명 천문학자 코페르니쿠스가 기존 천문학을 뒤엎는 역작을 발표해 바르미아의 명성을 전 유럽에 떨쳐주기를 바랐습니다. 현재 각국이 올림픽을 통해 국위를 선양하고 싶어하는 마음과 비슷하다고 할까요.

물론 코페르니쿠스 이론에 적대적인 사람들도 있었습니다. 성서 내용과의 불일치 가능성을 언급하며 코페르니쿠스 이론의 문제점을 지적하는 사람이 없진 않았죠. 그중 가장 유명한 사람이 종교개혁에 실마

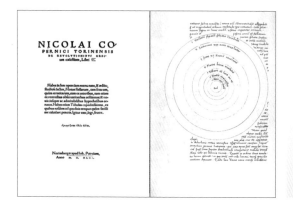

《천구의 회전에 관하여》1543년 초판 표지와 코페르니쿠스의 태양중심 우주 모형.

리를 제공한 마르틴 루터Martin Luther, 1483~1546입니다. 사실 코페르니쿠스 이론은 가톨릭교회보다 신교로부터 더 강력한 비난을 받았어요.

이렇듯 루터 등 종교적 이유로 코페르니쿠스 이론에 반대한 사람들이 있었던 것은 사실이지만, 교회 내에서도 그의 이론이 지닌 가치를 높이 평가해 저서 출간을 재촉한 사람 또한 적지 않았습니다. 그러므로 코페르니쿠스 이론을 둘러싸고 전개된 상황을 교회 혹은 종교가 한쪽에 있고 과학이 나머지 한쪽에 있다는 식으로 받아들이는 것은 역사적 사실과 어긋난 편협한 이해입니다.

또한 코페르니쿠스가 종교적 박해가 두려워《천구의 회전에 관하여》출간을 미뤘다는, 어느새 상식이 되어버린 그 생각은 더더욱 이상합니다. 코페르니쿠스가《천구의 회전에 관하여》를 출간하기 전에도 코페르니쿠스 이론의 핵심 내용은 당대 유럽의 천문학자들 사이에 잘 알려져 있었습니다. 왜냐하면 코페르니쿠스가 그 이론의 요약본을 먼저 출판했기 때문입니다. 요약본을 접한 천문학자들은 코페르니쿠스가 어떤 연구를 하는 중이고 그 이론이 천문학 체계로서 지닌 장단점이 무엇인지를 이미 파악한 상태였습니다. 즉 달력 제작 등 실용적 목적에 유용한지 등을 대다수 천문학자들이 잘 알고 있었습니다.

코페르니쿠스가 어떤 생각을 하고 있는지, 그 이론의 장단점이 무엇인지 학계에서 이미 다 논의되고 있었는데, 더욱이 교회의 핵심 인사를 포함해 많은 사람이 이 책의 출간을 기다리는 마당이었는데, 왜 코페르니쿠스는 출판을 미룬 걸까요? 코페르니쿠스에게는 그럴 만한 사정과 충분한 이유가 있었습니다. 그걸 제대로 이해하려면 과학철학자 토머스 쿤의 생각을 살펴볼 필요가 있습니다.

토머스 쿤과 정상과학 패러다임

토머스 쿤Thomas Samuel Kuhn, 1922~1996의 과학철학을 자세히 다루려면 훨씬 더 많은 지면이 필요할 테니, 일단 여기서는 우리의 주제인 '과학적 상상력과 창의성'에 대한 쿤의 생각을 중심으로 이야기를 해보겠습니다. 우선 주목할 것은 토머스 쿤이 과학철학자로 알려져 있기는 해도 실제로 그가 받은 학위는 물리학 박사학위 하나뿐이라는 점입니다. 쿤은 물리학자가 되기 위한 훈련을 받은 사람이고 실제로 물리학자로서 연구 활동도 했습니다. 그 과정에서 자신의 과학철학 견해를 형성했죠. 그 덕분에 과학연구의 본성에 대한 쿤의 주장이 과학연구를 경험해본 이들에게 설득력 있게 다가갈 수 있었습니다.

  토머스 쿤은 하버드 대학교 물리학과에서 '금속의 전도 현상'에 관한 연구로 박사학위를 받습니다. 물리학자로서도 상당한 실력을 갖췄다는 이야기죠. 하지만 쿤은 물리학 연구만 하기에는 지적 '야심'이 지나치게 컸어요. 학생 시절 쿤은 자유 전자free electron나 구속된 전자bounded electron 등의 개념으로 금속에 전기가 통하는 현상을 설명하는 데도 관심이 있었지만, 눈에 보이지도 않는 '전자'라는 것들이 이러이러한 행동으로 전기 현상을 만들어낸다고 '설명'하는 것이 '무엇을 의미하는지'에 더 큰 관심이 있다고 말하곤 했답니다.

  쿤이 언급한 두 가지 관심사 중 앞부분은 전형적인 물리학자의 연구주제이고 뒷부분은 과학철학의 연구 범위에 포함된다고 볼 수 있습니다. 그러니까 쿤은 학생일 때부터 물리학자로서 지적 관심과 물리학을 메타적으로 성찰하는 철학적 관심 모두를 갖고 있었던 겁니다.

당시 하버드 대학교에는 쿤이 자신의 관심사를 확장해 더 깊이 탐색해볼 수 있도록 해줄 만한 제도가 있었습니다. 펠로fellow라는 '연구원' 제도였죠. 요즘처럼 박사학위를 받은 후 살아남으려 치열하게 논문 경쟁에 나설 필요 없이 "과학적 설명의 본성은 무엇인가?" 하는 보다 근본적인 질문을 놓고 몇 년간 진지한 탐구를 이어갈 수 있도록 해주는 자리였죠. 쿤은 펠로로 머무르며 과학의 역사를 독학으로 공부했고 물리학 관련 논문이 아닌, 과학사 논문을 쓰기 시작했습니다. 그렇게 축적한 지식과 연구성과를 기반으로 과학철학의 역사에 길이 남을 역작을 1962년에 내놓게 됩니다. 바로《과학혁명의 구조The Structure of Scientific Revolutions》입니다.

토머스 쿤이《과학혁명의 구조》에서 주장한 이론의 핵심은 과학연구의 역사에서 거의 대부분의 기간을 차지해온 '정상과학normal science'과 관련됩니다. '정상과학'에서 '정상'이란 우리가 일상생활에서 '저게 정상적 행동이야?'라고 물을 때의 그 '정상'과는 아주 다릅니다. 즉 '좋다' '바람직하다' 같은 가치 평가를 내포하는 개념이 아닙니다. 쿤의 '정상과학'은 '마땅히' 이루어져야 할 방식으로 이루어지는 과학을 의미하는 게 아니라는 이야기죠. 쿤은 과학자로서 통계적 의미에서 '정상성'을 말하고자 했던 겁니다.

과학에서 '정상분포normal distribution'(또는 정규분포)란 뭐죠? 서로 독립적인 각각의 사건, 예를 들어 동전 던지기를 했을 때 앞면이 나오는 사건과 뒷면이 나오는 사건처럼 일정한 확률을 가진 독립적 사건을 여러 번 반복했을 때 얻게 되는 분포입니다. 정상분포에서 가장 많이

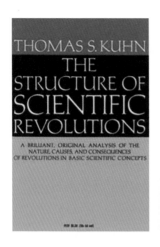

발생하는 사건은 중간값median value 근처에 몰려 있습니다. 반면 중간 값에서 멀리 떨어진 사건, 예컨대 동전 던지기를 했을 때 앞면만 연속해서 나오는 일은 사실 드물죠.

쿤이 말하는 정상과학이란 '성숙된' 과학연구의 역사적 과정을 통틀어 정상분포의 중간값에 해당하는 것, 즉 가장 많은 '시간'이 투여된 연구방식을 의미합니다. 다시 말해 역사적으로 '성숙된' 과학연구를 수행한 사람들은 대부분의 시기에 쿤이 '정상과학적' 연구방식이라 지칭한 그 방식으로 연구를 해왔다는 의미입니다. 더 간단히 정리하자면 '통상적' 과학 연구가 곧 정상과학이라 말할 수 있습니다.

정상과학 연구방식은 '패러다임'이라는 특정한 이론 틀과 연구지침에 의해 연구가 이루어진다는 점이 특징입니다. 이때 연구지침이 되는 그 패러다임 자체에 대한 의심이나 반증은 이루어지지 않습니다. 만일 우리가 기계공학 연구를 수행한다고 해봅시다. 열역학이나 유체역학처럼 기계공학의 근간이 되는 이론 자체에 대해서는 추호의 의심도 없습니다. '열역학 제2법칙이 틀린 건 아닐까?' 하는 고민은 전혀 하지 않죠. 일단 근간 이론에서 제시한 법칙이 '절대적'으로 옳다고 가정하고 그 법칙이나 이론을 활용해 주어진 문제를 푸는 것, 바로 그것이 쿤이 말한 '정상과학' 방식의 연구입니다. 물론 옳다고 가정했던 이론이나 법칙이 틀렸을 수도 있습니다. 하지만 그 부분에 대한 연구는 정상과학 연구가 아니라는 게 쿤의 생각이었죠.

동전 던지기에서 앞면이 연속적으로 나오는 일이 드물게 나타나듯 과학연구에서도 당연히 '드문' 사건에 해당하는 비정상과학적 연구방식이 존재합니다. 쿤은 바로 그 방식에서 '과학혁명'이 일어날 수 있다고 말합니다.

정리하자면 쿤은 과학연구 과정을 두 가지로 나눕니다. 특정 '패러다임'이 이끄는 길디긴 시기에 걸친 '정상과학 연구'가 하나이고, 그 패러다임에 의문이 제기되면서 새로운 패러다임이 모색되고 결국 새로운 패러다임에 의해 새로운 정상과학으로 넘어가는 과정인 '과학혁명'의 기간이 다른 하나입니다. 당연히 과학혁명은 상대적으로 짧은 시기 동안 이뤄질 것입니다.

그런데 이 내용이 코페르니쿠스와 관련된 우리의 궁금증, 곧 "그는 왜《천구의 회전에 관하여》출간을 미루었는가?" 하는 궁금증을 어떻게 해소해준다는 것일까요? 이어지는 2장에서 좀 더 자세히 다루겠지만, 이는 과학기술 연구에 필요한 상상력과 깊은 관련이 있습니다.

과학적 상상력은 두 가지로 구체화할 수 있는데, 하나는 '수렴적 convergent 상상력'이고 다른 하나는 '발산적divergent 상상력'입니다. 이 두 가지가 모두 필요하다는 점이 중요합니다. 두 가지 상상력을 성공적으로 '종합'해내는 과정에서 과학적 창의성이 발현된다는 것이 바로 제가 강조하려는 바입니다. 사실 이런 생각은 토머스 쿤이나 미하이 칙센트미하이 등 여러 학자의 연구에서 이미 발견됩니다. 그러므로 저의 주장은 그들의 연구결과를 종합해 과학적 창의성과 상상력의 관계를 좀 더 명확히 해명하려는 것이라 할 수도 있겠습니다.

2장

과학연구,
퍼즐 풀이와 혁명적 이론 사이

과학자들이 '퍼즐'을 푸는 방식

코페르니쿠스에 대한 당대의 평가를 이해하려면 토머스 쿤의 과학철학을 알 필요가 있습니다. 특히 쿤이 '정상과학'이라 명명한 과학연구 과정에 주목해야 하죠. 쿤은 '정상과학'의 과정이, 누가 봐도 훨씬 드라마틱하게 느껴지는 '혁명적 과학'보다 실은 더 '흔한' 현상임을 강조했습니다. 바로 이 점이 코페르니쿠스에 대한 당대의 평가를 이해하는 결정적 실마리죠.

보통의 '과학연구' 과정에서는 '문제'를 어떻게 해결하는지, 쿤의 표현을 빌리자면 어떻게 '퍼즐'을 푸는지를 먼저 살펴봅시다. 쿤이 이야기하는 '성숙된 과학mature science', 즉 과학연구가 이루어지는 '올바른' 방식을 두고 관련 연구자들 사이에 상당한 합의가 이미 존재하는 과학 분야에서는, 문제를 '제대로' 푸는 것에 대한 표준이 될 만한 사례들이 존재합니다.

여기서 중요한 건, '문제 풀이의 표준'이 명제 형태가 아니라 '사례'로 제시된다는 점입니다. 과학자들은 자신의 연구 분야에 이미 존재하는 표준적 문제 풀이 사례(대개는 선배 과학자들에 의해 성공적으로 풀린 문제)를 공부해 아직 풀리지 않은 문제를 이 사례와 '유사하게' 풀려고 노력합니다. 쿤은 이런 문제 풀이의 표준 사례를 '모범사례exemplar', 줄여서 '범례'라고 했습니다.

일반인이 쉽게 떠올릴 만한 '범례'로는 수학 교과서나 참고서에 있는 '예제'를 들 수 있겠습니다. 그 예제를 보면 어떤 식으로 풀면 된다는 표준적 해설이 함께 나옵니다. 그게 바로 쿤이 말하는 범례입니다. 과학 교과서에도 분야마다 조금씩 다르지만 해당 분야의 합의된 이론 설명과 함께 범례가 가득 담겨 있죠. 미래의 과학자들은 그 교과서로 관련 범례를 학습함으로써 자기 분야에서는 어떤 문제가 과연 풀 만한 '가치'가 있는 문제로 간주되는지, 그 문제를 푸는 방법으로는 무엇무엇이 있는지, 그리고 결정적으로 어떤 결과를 내놓아야 '답'이라고 간주되는지 등을 터득하게 됩니다.

과학자들이 다른 분야 과학자들과 대화할 때 느끼는 어려움이 둘 있는데요. 하나는, '왜 저런 게 연구주제가 되지?' 하는 의문이고, 또 하나는 '저런 문제라면 이러이러한 답을 내놓아야 할 것 같은데 전혀 엉뚱한 설명을 내놓고는 답이라고 하네!' 하는 경험입니다. 훈련받은 범례의 종류가 다르니 그 과학연구가 '이상하게' 느껴지는 거죠. 융·복합 연구가 어려운 것도 이 범례 차이에서 한 가지 이유를 찾을 수

과학은 이것을 상상력이라고 한다

있습니다. 상이한 분야에서 연구하는 과학자들은 다른 분야를 잘 모르는 정도가 아니라 그 분야에서 과학을 하는 '방식' 자체가 어색하거나 못마땅하게 느껴지는 경우가 많습니다.

그런데 우리가 고등학교 다닐 때 많이 들은 이야기가 있어요. '예제'만 제대로 이해하면 교재 뒷부분에 나오는 연습문제는 너끈히 풀 수 있다는 말입니다. 원칙적으로는 맞는 말이죠. '연습문제'라는 것이 본래 예제를 푸는 방법으로 유비해서 풀 수 있도록 구성되기 때문입니다. 하지만 대개 예제는 쉽고 간단한 데 비해 연습문제는 좀 더 어렵고 복잡합니다. 그러니 예제를 잘 이해했다 해도 연습문제가 술술 풀리지는 않죠.

과학연구도 마찬가지입니다. 과학 교과서에 실리는 범례를 완벽하게 이해했다고 해서 여태까지 해결되지 않던 어떤 문제가 순식간에 완벽하게 풀리지는 않습니다. 하지만 과학자들은 '원칙적으로는' 범례에서 제시된 문제 풀이의 '핵심'이 아직 풀리지 않은 문제를 푸는 데도 주도적 역할을 할 것이라 기대합니다.

연습문제 풀이와 정상과학 연구의 차이

물리학 연구에서 수없이 사용되는 전형적 범례로 '조화 진동자harmonic oscillator' 모형이라는 것이 있습니다. 이 모형에서 평형상태, 즉 움직임이 없는 상태에서 약간의 '교란disturbance'을 받은 상황을 가정해보죠. 여기서 교란이란 그 대상을 평형상태에서 약간 움직이도록 하는 어떤 충격이라고 생각하면 됩니다. 그림을 가지고 말하자면, 용수철에 매달린 추가 움직임이 없는 평형상태가 될 때까지 기다렸다가 다시 그 추를 살짝 당겼다가 놓는 것입니다.

'조화 진동자' 모형은 평형상태에서 살짝 어긋난 상태에 놓인 대상이 어떻게 움직이는지 기술합니다. 이 모형의 간단한 형태, 즉 평형상태에서 살짝 어긋한 상태에 놓인 대상이 받는 힘이 단순한 경우, 이때는 정확한 풀이가 존재합니다. 이런 '정확한 풀이'들이 바로 범례에 해당하는데, 이것이 과학연구에서 굉장히 유용합니다. 왜냐하면 세상에는 평형상태에서 살짝 어긋난 상황에 놓인 대상을 가지고 기술할 수 있는 현상이 아주 많기 때문입니다.

반면 실제 문제는 그리 단순한 현상이 아님에도 불구하고 물리학자들은 여러 가지 방식으로 관련 변수를 재정의해 그 문제를 어떻게든 조화 진동자 문제로 변환시켜 풀기도 합니다. 왜일까요?

조화 진동자 문제는 '제대로 된 풀이법'이 범례로서 물리학자들 사이에 잘 알려져 있으니 그 범례로 설명할 수 있는 현상의 범위를 확장하면 세상을 '조화 진동자'의 시각에서 통일적으로 볼 수 있기 때문입니다. 과학자들에게 범례 활용이 각자의 학문 분야가 가진 '정체성'이나 독특한 관점과 직결되는 이유가 여기 있습니다.

쿤이 범례 개념을 통해 강조하는 바는 정상과학 시기에 이루어지는 연구 활동이 기본적으로 범례를 잘 변형해 새로운 문제를 해결하고자 하는 노력이라는 겁니다. 과학연구에서는 조화 진동자 모형처럼 '교과서에 등장하는 것'이 범례가 되는 경우가 많습니다. 하지만 이공 계

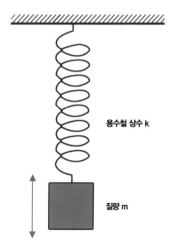

용수철 상수 k

질량 m

물리학 연구에서 자주 쓰이는 범례인 '조화 진동자' 모형.

열 연구에서는 대개 각자의 분야에서 '고전'으로 간주되는 연구 논문이 범례가 되죠. 인문계, 예컨대 철학 쪽에서 '고전'이라 하면 최소한 100년 넘게 학자들 사이에서 연구 대상이 되어온 저작을 의미하지만, 이공계에서는 분야에 따라 불과 몇 년 전에 출판된 논문이 '고전'일 수도 있습니다. 이공계에서 '고전'이란 해당 연구주제에 대해 굉장히 혁신적인 문제 풀이 방식을 제창해 수많은 후속 연구를 이끌어냈다는 의미이기 때문입니다.

이때 관련 분야 연구자는 고전적 범례의 연구 방법을 일단 꼼꼼히 습득합니다. 그런 다음, 그 연구에서 해결한 문제보다 좀 더 복잡한 문제 혹은 다른 재료나 다른 실험 방법을 적용해 자신만의 독창적 연구를 시작하죠. 물론 범례와 독창적 연구 사이의 구체적 관계는 학문의

65

분야마다 차이가 있습니다. 이를테면 쿤은 물리학자였기에 쿤의 설명은 아무래도 물리학에 가장 잘 들어맞습니다. 그렇더라도 대체로 이공계열 연구의 일반적 특징은 쿤이 이야기하는 범례의 변용을 통한 정상과학 연구에 잘 들어맞습니다.

이제 범례에 입각해 과학연구를 수행하는 과학자가 자연스럽게 취하는 연구 태도를 이야기해볼까요. 이해를 돕기 위해 다시 수학 교재로 돌아가, 예제와 연습문제에 대해 생각해보겠습니다. 예제를 열심히 공부해 명확히 이해했다 하더라도 연습문제를 풀 때 모든 문제가 술술 풀리지는 않는다는 점은 이미 언급했습니다. 하지만 우리가 결코 의심하지 않는 사실이 있습니다. 그 연습문제에 '답'이 있다는 사실이죠. 즉 나는 그 문제를 못 풀더라도 나보다 수학을 잘하는 누군가는 그 문제를 풀어 '정답'을 구할 수 있으리라 생각합니다.

사실 대부분의 수학 교재는 아예 책 뒷부분에 정답 및 문제 풀이 방법이 첨부되어 있죠. 잘 안 풀린다 싶으면 슬쩍 엿보면 됩니다. 물론 문제 자체가 잘못된 경우도 있습니다. 하지만 자신이 천하제일의 수학 천재라고 확신하지 않는 한 아무도 '내가 풀지 못하는 문제는 모두 잘못된 문제'라고 생각하지 않죠. 자신의 '능력'을 의심하고 좀 더 쉬운 문제로 옮겨 가는 게 보통입니다. 이 대목이 우리가 이후 코페르니쿠스의 위대함을 이해하는 데 결정적으로 중요합니다.

수학 교재의 예제와 범례, 연습문제와 아직 풀리지 않은 과학연구 주제 사이에는 분명 유비 관계가 성립합니다만, 사실 수학 문제를 푸는 일과 과학연구 간에는 결정적 차이점이 있습니다. 과학연구에서는

과학은 이것을 상상력이라고 한다

비록 '범례'는 있을지언정 슬쩍 엿볼 수 있는 '정답'은 없거든요. 더 정확히 말하자면 정답이 있는지 없는지, 바로 그것부터가 연구 대상입니다. 연구를 위한 질문 자체가 잘못 설정되어 있어 그 방향으로 연구하는 것은 암만 해봐야 별 성과를 낼 수 없겠다 싶은 상황도 종종 발생하는 겁니다.

그런데 수학 교재에서 연습문제를 풀 때와는 다르게, 과학연구에서는 이게 답이 있는 문제인데 내가 과학자로서 능력이 부족해서 못 푸는지 아니면 문제 설정 자체가 잘못되어 아무도 풀 수 없는 문제인지를 미리 알 방법이 없습니다. 요컨대 수학 교재의 '문제 풀이와 해설' 같은 건 오직 관련 과학연구가 최종적으로 마무리되어 과학계에서 합의가 이루어진 다음이라야 비로소 만들어질 수 있는 것이죠. 그렇다면 과학자들은 자신들이 연구 중인 그 문제가 자신이 익숙한 범례로 풀 수 있는 문제인지 아닌지를 어떻게 판단할 수 있을까요?

과학혁명은 어떻게 가능한가

뛰어난 과학자들이 오랜 시간을 들여 해결하려고 노력했지만 풀리지 않는 문제가 있을 수 있습니다. 쿤은 이를 '변칙사례anomaly'라고 불렀죠. 과학연구란 결코 쉬운 일이 아닙니다. 열심히 노력해도 풀리지 않는 문제가 반드시 있기 마련이고 여러 과학자의 노력에도 불구하고 수백 년간 풀지 못한 '난제'도 분명 존재합니다.

이런 '난제'를 풀면 당연히 명성을 떨칠 겁니다. 그런데 문제는 이런 난제 가운데는 애당초 문제 자체가 잘못 설정된 탓에 해결이 불가능한 것도 있을 수 있다는 점입니다. 괴델Kurt Gödel이 증명한 '불완전성 정리'는 선배 수학자 힐베르트David Hilbert가 제시한 수학기초론 foundations of mathematics 문제가 힐베르트가 요구한 방식으로는 도저히 해결이 불가능하다는 점을 증명한 것이지요.

이런 증명이 항상 가능한 것은 아닙니다. 수학이 아닌, 경험과학 분야에서 그런 증명이 나오기를 기대하기란 더더욱 힘들죠. 결국 정상과학연구를 수행하는 절대다수의 과학자들은 풀리지 않은 난제가 언젠가는 자신들이 쓰는 범례의 '탁월한' 변형을 통해 풀릴 것이라고 굳게 믿는 것이 보통입니다. 다시 말해, '우리가 여태까지 풀지 못한 문제는 우리가 아직 충분히 똑똑하지 않거나 충분히 노력하지 않았기 때문'이라고 생각하는 겁니다. 이런 겸손한(?) 태도는 종종 후속 연구 덕분에 정당화되곤 합니다. 후대 과학자에 의해 정말로 그 '난제'가 정상과학의 틀 안에서 해결되는 경우가 있거든요.

그런데 다른 각도에서 보면 이런 태도는 겸손하다기보다 '독단적'으로 여겨질 수 있습니다. 주지하다시피 과학연구의 핵심은 '비판적 태도를 견지하는 것'입니다. 그런데 자신이 활용하는 범례 혹은 이론에 입각해, 현재는 풀리지 않은 문제일지라도 언젠가는 누군가에 의해 풀릴 것이라 믿으며 그 범례나 이론을 유지하는 태도는 그다지 '비판적'으로 보이지 않기 때문입니다. 좀 더 과감히 기존의 틀을 깨는 새로운 이론을 찾아 나서는 태도가 필요합니다. 이른바 '패러다임' 혁신이지요. 실제 과학연구 과정에서도 해당 분야의 기본 전제 자체를 재검토하고 새로운 문제 풀이의 틀을 제시하는 일이 발생하곤 하죠. 쿤이 말하는 '과학혁명'이 바로 그것입니다.

하지만 현장 과학자의 입장에서 생각해보면, 자신이 정상과학 연구를 수행하는 것이 맞는지 아니면 혁명적 과학연구를 수행하는 것이 맞는지 판단하기가 너무 어렵습니다. 코페르니쿠스의 새로운 이론을 접한 동료 천문학자들이 그때 무슨 생각을 했을지 한번 상상해볼까요. 코페르니쿠스의 태양중심 우주체계는 동료 천문학자들이 보기에도 이론적·경험적 장점이 있었습니다. 다만 지구를 중심에 두고 문제를 해결하려는 기존의 이론 틀과는 정면으로 배치되었죠.

이 상황에서 코페르니쿠스의 동료 천문학자들은 '구태여 새로운 이론 틀을 사용해야 하는가?'를 고민하게 됩니다. '혹시 기존의 프톨레마이오스 체계도 계속 연구하다 보면 코페르니쿠스 체계만큼이나 성공적으로 모든 문제를 해결해주지 않을까?' 비록 자신들은 못할지라도 더 뛰어난 누군가는 해낼 수 있지 않을까 하는 희망을 버리기가 어려운 겁니다. 바로 이 지점에서 코페르니쿠스가 자타 공인 '비교 불가능할' 정도의 탁월하고 모범적인 천문학자였다는 점이 중요해집니다. 왜 하필 코페르니쿠스가 '코페르니쿠스 혁명'을 했는가? 왜 다른 사람은 시도하지 못한 과감한 혁신을 코페르니쿠스만이 할 수 있었는가?

답은 앞에서도 슬쩍 언급한 적이 있습니다만, 약간 이상한 이야기로 들릴 수도 있지만 코페르니쿠스가 기존의 천문학 패러다임에 대해 그 누구보다 속속들이 알고 있었기 때문이라는 겁니다. 프톨레마이오스 체계의 장단점을 너무나도 잘 알고 있었기에, 그렇게 잘 아는 사람은 당대에 오직 코페르니쿠스뿐이었기에, 바로 그가 '아, 이 천문학 체계로는 근본적 한계가 있다. 도저히 더 나아갈 수가 없다. 그러니 바꿔야겠다' 하는 확신에 찬 판단을 내릴 수 있었던 겁니다. 물론 어떤 방향으로 어떻게 바꾸어야 하느냐에 대한 참신한 생각도 필요합니다. 그런데 사실상 과학혁명에는 그런 '참신한' 생각만큼이나 기존 패러다임이 근본적 한계에 직면했다는 판단 자체를 정확히 내리는 통찰력이 상당히 결정적입니다.

쿤이 제시한 두 가지 상상력

토머스 쿤은 창의성을 주제로 한 학회에서 과학연구 과정에서 중요한 사고 능력으로 발산적 사고divergent thinking와 수렴적 사고convergent thinking라는, 상반된 두 가지 개념을 제시했습니다. 쿤이 말하는 이 두 가지 사고 능력은 결국 과학연구 과정에서 과학자들이 창의적 '상상력'을 발휘하는 데 활용됩니다. 따라서 이 두 가지 사고를 발산적 상상력과 수렴적 상상력이라고 표현을 바꾸어 논의해볼 수 있습니다.

'발산적 상상력'은 우리에게 익숙한 창의성의 전형입니다. 익숙한 패러다임을 넘어서서 참신한 대안을 모색하는 비판적 사고 능력을 가리키죠. 과학혁명을 이뤄내려면 당연히 발산적 상상력이 필요합니다. 코페르니쿠스가 우주체계에서 지구와 태양의 위치를 바꾼 것이 발산적 상상력이 발휘된 좋은 예라 할 수 있습니다.

'수렴적 상상력'은 익숙한 범례를 잘 변형해 새로운 문제를 풀 때 활

과학은 이것을 상상력이라고 한다

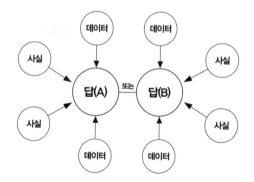

데이터 데이터

사실 사실

답(A) 또는 답(B)

사실 사실

데이터 데이터

용하는 상상력을 의미합니다. 이상한가요? 익숙한 범례를 따르는 건 틀에 박힌 과정을 반복하는 일이나 마찬가지인데 웬 상상력이 필요한가 싶을 수 있습니다. 결코 그렇지 않습니다. 교과서 속 예제를 충분히 이해하고 나서도 복잡한 연습문제를 만나면 그걸 푸느라 호된 고생을 해야 했던 학창시절의 기억을 떠올려보면 금세 이해가 됩니다. 범례를 학습하고 그것을 '변형'하되 관련 학계에서 수용되는 근본 원리를 온전히 지켜가면서 새로운 문제를 풀어내기란 보통 수준 이상의 상상력이 요구되는 대단히 어려운 작업입니다. 수렴적 상상력은 흔히 '발산적 상상력'을 잘 발휘한 혁명적 인물로 이해되는 코페르니쿠스에게서도 매우 결정적으로 나타납니다.

과학자들은 연구 과정에서 발산적 상상력과 수렴적 상상력을 모두 활용합니다. 두 가지를 적절히 활용해 문제 풀이를 하죠. 그러나 본질적으로 상반되는 상상력이기에 이 두 가지를 병행하는 과정에서 쿤이

71

말한 '본질적 긴장essential tension'이 생겨납니다. 성공적인 과학연구를 위해서는 두 가지 상상력이 모두 필요하지만, 서로 대립하는 두 상상력을 어떻게 잘 조화시키느냐가 관건이죠.

어떤 상황에서 발산적 상상력을 활용하고 어떤 상황에서 수렴적 상상력을 활용해야 하는 걸까요? 쿤은 '본질적 긴장'을 생산적으로 관리해나가며 과학연구를 수행하는 과학자가 진정한 의미에서 창의성이 번뜩이는 과학자라고 했습니다.

이행기적 인물 코페르니쿠스

아무리 코페르니쿠스가 대단한 과학자라 해도 혼자 힘으로 기존 천문학과 완전히 다른 천문학을 만들어낼 수는 없습니다. 코페르니쿠스가 할 수 있었던 일은 기존 천문학의 한계를 '확신'할 정도로 뛰어난 '수렴적 상상력'에, 새로운 천문체계를 시작할 수 있는 '발산적 상상력'을 결합하는 것이었습니다.

앞서 여러 번 강조했듯 코페르니쿠스는 기존의 천문학에 기초한 '수렴적 상상력'이 뛰어났고, 그랬기에 그 천문학의 근본적 한계를 '직시'할 수 있었습니다. 하지만 코페르니쿠스는 수렴적 상상력에서 멈추지 않았죠. 수렴적 상상력을 발휘하고 나서 그는 지구와 태양의 위치를 바꾼다는 획기적인 내용의 천문학을 제시합니다. 이것은 코페르니쿠스가 발산적 상상력을 활용한 분명한 사례죠.

그렇지만 우주의 중심을 지구에서 태양으로 바꾼 것을 제외하면 코

과학은 이것을 상상력이라고 한다

페르니쿠스 천문학의 거의 모든 특징은 프톨레마이오스 천문학과 차이가 없었습니다. 코페르니쿠스도 여전히 천체의 움직임을 계산할 때 자신이 익숙했던 주전원周轉圓이나 이심원離心圓 같은 기존 천문학의 이론적 도구를 활용했어요.

코페르니쿠스의 업적을 깎아내리려고 하는 말이 아닙니다. 코페르니쿠스는 정말 엄청난 일을 해냈어요. 당시 사람들에게 지구와 태양의 위치를 바꾸는 일은 오늘날 열역학 제2법칙을 거스르는 영구운동기관을 만들었다고 주장하는 것과 마찬가지로 황당한 일이었을 겁니다. 물론 영구운동기관이라는 것이 논리적으로는 가능할 수 있습니다. 하지만 그런 기관이 가능하게 된다면 우리가 받아들이던 기존의 과학이론을 모두 바꿔야 합니다. 어마어마한 변화가 불가피하다는 이야기죠.

코페르니쿠스 시절에 지구중심설에서 태양중심설로 변화하는 것도 마찬가지였습니다. 코페르니쿠스의 체계는 당대에 당연하게 받아들여지던 자연철학 원리에 위배되는 것처럼 보였습니다. 물론 이 원리들 가운데 많은 것이 21세기를 사는 우리가 보기에는 잘못된 것들이지만요. 과학자들은 새롭게 등장한 이론을 자신이 수용한 배경 이론에 입각해 판단할 수밖에 없습니다. 새로운 이론이 아무리 장점이 많다 해도 배경 이론에 입각할 때 너무 모순적이라면 그것을 '참'으로 받아들이는 데 주저할 수밖에 없죠.

이제 제가 앞 장에서 제기했던 질문에 대한 답을 내려봅시다. 왜 코페르니쿠스는 교회의 최고위층에 있었고, 교회 인사들이 출판을 권면했으며, 동료 천문학자들 역시 절실히 고대하던 그 저서 《천구의 회전

73

에 관하여》출간을 죽기 직전까지 미루었을까요?

기록에 따르면 코페르니쿠스는 죽어가던 병상에서야 마지막 교정쇄를 손에 받아 들었다고 합니다. 사실 코페르니쿠스는 자기의 새로운 이론이 동료 천문학자들로부터 비웃음을 살까 봐 내내 걱정했습니다. 자기 이론에 치명적 결함이 있음을 그 누구보다 본인 스스로 잘 알고 있었거든요.

어떤 결함이었을까요? 코페르니쿠스는 자신의 새 이론이 성서와 어긋난다는 것쯤은 인식하고 있었어요. 교회에서 중요 직책을 맡은 사람으로서 그 점도 분명 신경 쓰였을 겁니다. 하지만 그게 핵심은 아니었습니다. 코페르니쿠스가 보기에, 자신의 새로운 이론대로 지구와 태양의 위치를 바꾸면 설명할 수 없는 일들이 너무나 많아졌어요. 자신의 이론에 '불합리한 점'이 아주 많았다는 겁니다.

예를 들어 코페르니쿠스 이론에 따르면 우리는 엄청난 속도로 자전과 공전을 합니다. 그런데 정작 우리는 그 속도를 전혀 느끼지 못합니다. 왜 그렇죠? 뉴턴 이후의 역학에 익숙한 우리들은 당연히 '관성' 때문이라고 대답할 수 있습니다. 즉 일정한 속도로 움직이는 상태는 인지하지 못하고 오직 속도가 변화할 때만 그것을 느끼니까요. 충분히 부드럽게 움직이는 기차를 타고 있으면 정지해 있을 때와 큰 차이를 못 느끼잖아요. 실제로 지구의 자전과 공전은 등속운동이 아니지만 우리가 지구에 비해 워낙 작은 존재이기에 근사적 등속운동이라 생각할 수 있고, 그렇기에 '관성'에 따른 이 설명은 충분히 그럴듯해 보입니다.

문제는 코페르니쿠스가 이런 설명을 해낼 수 없었다는 점입니다. 뉴턴Newton, Sir Isaac, 1642~1727은 코페르니쿠스가 죽은 후로도 한참 뒤에야 태어났거든요. 코페르니쿠스는 지구가 엄청난 속도로 도는데 왜 공을 위로 던지면 그대로 그 자리에 다시 떨어지는지를 설명할 수 없었습니다. 당시에는 중력 개념도 없었으니 지구 반대편 사람들이 왜 우주 공간으로 떨어져 나가지 않고 땅에 붙어 살 수 있는지도 설명할 수 없었죠.

코페르니쿠스 이론이 설명할 수 없는 현상은 설명할 수 있는 현상보다 압도적으로 많았습니다. 그러니까 지구와 태양의 위치를 바꾸면 천문학적 계산 및 설명에서는 얻을 게 많았지만, 그 이외의 현상에 대해서는 잃을 게 더 많았던 겁니다. 그래서 코페르니쿠스는 자신의 새로운 이론을 자신 있게 세상에 내놓을 수 없었지요.

이런 맥락에서 보면, 케플러나 갈릴레오처럼 코페르니쿠스 이론을 진짜로 믿고 받아들인 사람들이 존재했다는 게 오히려 놀랍고 신기한 일인 겁니다. 이들은 탁월한 과학자답게 통찰력을 갖고 '이 새로운 이론이 아직 설명하지 못하는 현상이 많지만 결국 미래에 연구가 이어지면 모두 설명이 될 만한 잠재력을 갖고 있다'라고 판단한 것입니다.

실제로 후세대 과학자들은 코페르니쿠스 이론의 한계를 극복할 수 있는 다양한 범례, 타원궤도나 관성 개념 등을 발전시키게 되죠. 결국 코페르니쿠스는 케플러나 갈릴레오가 태양중심설의 이론적 잠재력을 계속 계발해나가고 결국 뉴턴에 의해 혁명이 완수되도록 만든 사람, 다시 말해 혁명을 '시작한' 사람인 겁니다.

코페르니쿠스의 태양중심설이 가진 이론적 잠재력을 파악하고 혁신적 연구를 이어간 갈릴레오 갈릴레이.

　그가 시작한 혁명을 완수한 사람들은 뉴턴을 비롯한 후배 과학자들이지 코페르니쿠스 본인이 아니었습니다. 그런 의미에서 우리는 코페르니쿠스를 이행기적 인물로 볼 수 있습니다. 그는 자신이 극복한 과학적 틀에 토대를 둔 수렴적 상상력을 능수능란하게 사용하면서 그 대안이 되는 과학적 틀을 창안할 정도의 발산적 상상력을 발휘했습니다.

　코페르니쿠스의 위대함은 이행기적 역할을 탁월하게 수행한 데서 찾아야 합니다. 그는 상반되는 상상력을 적절히 결합함으로써, 쿤의 표현을 빌리자면 '본질적 긴장'을 잘 관리함으로써 문제의 핵심을 바꾼 능력자였으나, 수많은 후학의 도움을 받아야만 비로소 완전한 이행을 이룰 수 있었던 사람이죠. 중요한 건 코페르니쿠스의 사례가 위대한 과학혁명이 이루어지는 통상적 방식이라는 점입니다.

3장

뉴턴 역학을 구한
르베리에의 선택

어긋난 천왕성 궤도 예측

앞서 살펴본 것처럼, 코페르니쿠스 '혁명'에는 분명 혁명적이지 않은 부분이 있습니다. 즉 과학혁명은 시대의 흐름에 따라 이어지는 과학자 세대에 의해 점진적으로 발전하는 과학의 본성을 고려할 때 자연스럽게 이해될 수 있습니다. 이제 과학연구가 이루어지는 구체적 상황 속에서 상상력이 어떻게 작동하는지 살펴봅시다.

천왕성은 토성 못지않게 예쁜 고리를 가진 행성입니다. 그런데 천왕성의 실제 궤도가 뉴턴 역학의 예측과 어긋난다는 사실이 19세기 초 천문학자들 사이에 널리 알려졌죠. 실은 그 이전에도 관측된 천왕성 궤도와 뉴턴 역학 사이의 불일치를 지적하는 사람들이 있었지만 망원경이 좀 더 발전해 오랜 관측 결과의 축적으로 천왕성 궤도를 확정짓기 전까지는, 뉴턴 역학의 예측과 천왕성의 실제 궤도가 정말 다른지

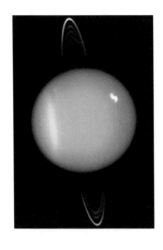
천왕성.

확신하기가 어려웠습니다.

관측된 천왕성 궤도는 뉴턴 역학의 예측보다 태양계의 바깥쪽으로 처지는 듯 보였습니다. 이 사실은 태양이 천왕성을 끌어당기는 힘이 '뉴턴의 만유인력이 예측하는 것보다 좀 약하다'라는 것으로 해석될 수 있지요.

상식적 과학관에 따르면 경험적 사실을 제대로 설명하지 못하는 이론은 폐기되어야 하며, 따라서 과학자들은 경험적 사실을 설명할 수 있는 새로운 이론을 찾아내야 합니다. 19세기 초부터 일부 과학자는 이런 상식적 과학관에 걸맞게 뉴턴 역학을 버리고 새로운 이론을 찾아야 한다고 주장했습니다. 천왕성 궤도를 제대로 예측할 수 있는 새로운 이론을 만들어야 한다는 것이죠. 그런데 이 이론은 천왕성 궤도만 설명해야 하는 것이 아니라 이전까지 뉴턴 역학으로 잘 설명했던 다른 현상들도 모두 잘 설명해내야 합니다. 그래야 뉴턴 역학보다 '더 좋은' 이론이라 할 수 있으니까요. 즉 천왕성만이 아니라 태양계 내 다른 행성들의 궤도에 대해서도 기존의 뉴턴 역학이 해낸 것만큼 잘 설명할 수 있어야 합니다.

뉴턴 역학이 천왕성의 궤도를 제대로 설명할 수 없으므로 새로운 이론을 찾아야 한다고 주장하던 과학자들은, 그렇다면 정말로 새로운 이론을 찾아냈을까요?

놀랍게도 성공했습니다. 그 출발점은 앞서 말한 대로 천왕성 궤도가 뉴턴 역학의 예측보다 태양계 바깥쪽으로 처진다는 건 태양이 천왕성을 끌어당기는 힘이 뉴턴의 만유인력보다 약하다고 해석될 수 있는 점이었죠. 그래서 당시 몇몇 과학자가 뉴턴의 만유인력을 기존의 힘보다 조금 약하다고 상정해 천왕성 궤도를 맞추어보려는 시도를 했습니다. 알다시피 뉴턴의 만유인력은 서로 떨어진 물체 사이의 '거리의 제곱'(r^2)에 반비례합니다. 그러니까 이 'r^2'에서 2를, 2보다 약간 큰 수, 예를 들어 2.000146쯤 되는 숫자(이 숫자가 정확하지는 않습니다만 지금 그 숫자 자체가 중요한 것은 아니니까요)로 상정해본 겁니다. 다시 말해, 천왕성 궤도를 정확히 예측하려면 기존 법칙에 등장한 '2'라는 숫자보다 얼마나 큰 숫자여야 하는지 역으로 계산해본 겁니다. 그렇게 얻은 수로 '수정된' 만유인력 법칙을 제안했지요. 대단한 계산 능력이 아닐 수 없어요. 컴퓨터도 없던 시절에 사람이 이런 계산을 했다는 게 정말 놀랍습니다.

그러고는 이 과학자들은 '발산적 상상력'을 마음껏 발휘했습니다.

기존의 만유인력 법칙을 대체하는 새로운 만유인력 법칙을 제안해 이
론과 사실 사이의 불일치를 말끔히 해결했어요. 그런데 우리는 얼핏
이런 생각도 해볼 수 있습니다. 만유인력 법칙을 이렇게 수정해 천왕
성 궤도를 새로 맞추다 보면 기존에 수립해둔 다른 행성들의 궤도 예
측은 어떻게 되는 것인가? 그 예측 또한 모두 어그러져버리는 것은 아
닌가?

　그렇지는 않습니다. 우리가 흔히 보는 태양계 모형(태양계 내의 행성들
이 대충 비슷한 간격으로 배치된 그 모형)만 생각한다면 그런 걱정을 할 만
하지만, 실제로 태양계는 그런 모습이 아니거든요. 태양계 내 행성들
은 수성·금성·화성·지구는 촘촘하게 몰려 있고 목성·토성·천왕성
각각은 엄청나게 먼 거리를 두고 떨어져 있습니다. 그래서 천왕성 궤
도를 맞추기 위해 만유인력 법칙을 아주 살짝 수정하는 것만으로는
기존의 예측에 별 영향을 주지 않습니다. 좀 더 정확히 말하자면 '수정
된' 만유인력 법칙과 뉴턴의 만유인력 법칙 사이의 차이가 너무나도

미미해 천왕성 궤도를 설명할 때를 제외하고는 기존의 만유인력 법칙을 적용해도 무방했다는 겁니다.

펜 끝에서 발견한 행성

천왕성 궤도를 위와 같이 '수정해서' 설명하는 것은 누가 봐도 좋은 설명입니다. 그렇지 않나요? 상식적 과학관에 따를 때 뉴턴의 만유인력 법칙을 살짝 바꾼 저 설명은 나무랄 데 없이 훌륭한 과학적 성취인 듯 보입니다. 그런데 의아하게도 당대 과학자들 가운데 이 설명을 만족스럽게 생각한 사람이 거의 없었습니다.

당시 대다수 과학자는 천왕성의 궤도 문제를 다른 방식으로 해결하고자 했습니다. 즉 뉴턴 역학을 하나도 변형시키지 않은 채 추가적 가정(과학철학자들은 이런 가정을 '보조 가설'이라 부릅니다)을 생각해내, 뉴턴 역학과 그 '가정'을 함께 고려해보는 것이었죠. 쿤식으로 말하자면 전형적인 '수렴적 상상력'을 발휘하는 방식이죠.

결국 이렇게 도출된 추가적 가정, 즉 '보조 가설'은 성공적인 것으로 판명이 납니다. 이때의 보조 가설은 '천왕성 바깥에 새로운 행성이 하나 있고 그것이 천왕성을 끌어당긴다'라는 생각입니다. 이런 보조 가설을 일단 세워놓고, 과학자들은 새로운 행성이 어느 정도 질량을 가지고 어떤 궤도를 돌아야만 이 행성이 천왕성을 끌어당기는 정도와 태양이 천왕성을 끌어당기는 정도를 합했을 때 관측된 천왕성 궤도와 잘 맞아떨어질지를 역으로 계산했습니다.

이 계산도 엄청 복잡했을 텐데, 당대의 부지런한 과학자 두 사람이 이 어려운 일을 해냅니다. 영국의 존 쿠치 애덤스와 프랑스의 위르뱅 르베리에가 각자 이 수학적 계산을 완료했고, 르베리에가 계산 결과를 1846년에 발표했죠. 그러고는 이 행성이 하늘의 어느 위치에 있을 테니 천문학자들더러 찾아보라고 했어요. 그래서 천문학자들이 하늘을 보니 정말 그 자리에 행성이 있었던 겁니다. 그게 바로 해왕성입니다.

해왕성 발견은 대중매체를 통해 널리 알려졌고 파리 천문대 대장이던 물리학자 프랑수아 아라고는 르베리에를 "펜 끝으로 행성을 발견한 남자"라고 치켜세웠습니다. 실제로 르베리에는 국위를 높인 공로를 인정받아 프랑스 최고의 훈장인 '레지옹 도뇌르'까지 받았습니다.

그런데 해왕성 발견 및 르베리에의 연구가 의미하는 바는 뉴턴 역학을 위기에서 구해냈다는 것만으로 간단히 정리되지는 않습니다. 왜 그런지 생각해보죠.

해왕성은 천왕성의 궤도 문제가 떠오르기 전까지는 이론적으로나 경험적으로나 존재해야 할 아무런 이유가 없었습니다. 무슨 말이냐 하면, 당시 해왕성은 순전히 '천왕성 궤도를 설명하기 위해', 좀 더 정확히 말하자면 '뉴턴 역학을 보전하면서 천왕성 궤도를 설명하기 위해' 도입되었다는 것이지요.

이처럼 어떤 과학적 존재자가 기존 이론을 구해내고자 '보조 가설'로 도입될 수 있다는 점을 이해하는 것이 중요합니다. 이런 일은 이후의 과학 역사에서도 상당히 자주 일어납니다. 과학자들은 뉴턴 역학처럼 충분히 만족스러운 이론이 경험과 어긋날 때 기존의 이론을 버리

기보다는 '해왕성' 같은 새로운 존재자를 설정해 문제를 해결하는 방법을 택합니다. 그러고는 르베리에가 그랬듯 관측하는 사람에게 이 존재자를 찾아보라고 요구하죠.

상식적으로는 상당히 무리한 요구라고 생각될 수밖에 없는 이런 연구 방식이 '해왕성 발견'처럼 종종 성공적 결과를 가져온다는 점이 중요합니다. 결국 과학의 발전은 경험과 어긋나는 이론을 폐기하고 새로운 이론을 찾는 과정을 통해서만 이루어지는 게 아니라 기존 이론을 어떻게든 유지하려는 과정을 통해서도 이루어진다는 이야기지요. 쿤이 강조하는 수렴적 상상력이 결정적 역할을 하는 대목이라 볼 수 있습니다.

한 가지 짚고 넘어갈 게 있습니다. 해왕성은 왜 그전까지 전혀 관측되지 않다가 르베리에가 찾아보라고 하니 그제야 발견되었을까요? 이건 정말 신기한 일이 아닐 수 없습니다. 망원경 성능이나 관측천문학자들의 역량이 하루아침에 급상승한 것도 아닐 텐데, 어떻게 르베리에의 이론적 예측 이전에는 안 보이던 해왕성이 갑작스레 수많은 사람에 의해 관측되었을까요? 19세기 당시 이미 수많은 사람이 하늘 전체 영역을 샅샅이 탐색하고 있었습니다. 그런데 왜 르베리에 이전에는 해왕성이 없다가 르베리에가 이론적 계산을 끝내자마자 갑자기 등장했는가? 마술이라도 벌어진 것처럼 신기해 보이지만 사실 과학 분야에서는 이런 일이 종종 있습니다.

천문학자들이 해왕성을 보지 못한 이유

얼핏 보기에는 마술처럼 보이는 이런 일이 왜 발생하는지를 이해하려면 과학적으로 관측한다observe는 것이 정확히 어떤 의미인지 이해할 필요가 있습니다. 과학연구에서 '관측'은 (반드시 시각만이 아니라) 오감을 통해 연구 대상에 관한 정보를 직접 얻거나 측정 장치를 통해 간접적으로 정보를 얻는 행위를 의미합니다. 해왕성을 찾기 위해 망원경으로 하늘을 바라보는 행위가 바로 관측에 해당하겠죠. 그런데 '보는' 일이 생각만큼 단순하지 않습니다.

핵심은 우리 망막에 맺히는 시각 정보와 그 시각 정보를 무의식적으로 혹은 의식적으로 '해석'해 어떤 것으로 인지하는 것 사이에 차이가 있다는 점입니다. 일상생활에서도 이런 일은 흔히 있습니다. 무언가를 보고 있기는 한데 그게 무엇인지 정확히 판단하기 어려운 상황

과학은 이것을 상상력이라고 한다

을 경험한 적이 아마 누구에게나 있을 겁니다. 너무 멀리 떨어진 물체라면 그 색깔을 모를 수 있고 또 안개 속에서는 다가오는 형상이 있어도 그게 무엇인지 얼른 판단하기 어렵죠. 그런데 일상생활에선 이런 문제가 대개 쉽게 해결됩니다. 멀리 떨어진 물체는 가까이 다가가 확인하면 되고 판단이 잘 안 되는 형상은 나보다 눈썰미 좋은 사람에게 물어보면 됩니다.

하지만 과학연구, 특히 첨단 과학연구 상황에서는 문제가 이런 식으로 간단히 해결되지 않습니다. 지금까지도 해왕성을 가까이 가서 '직접' 본 사람은 없습니다. 동일한 망원경을 갖고 해왕성을 찾으려고 애썼던 과학자들 중에도 일부는 해왕성을 봤지만 못 본 사람도 있습니다. 어떤 것을 어떻게 보아야 하는지가 잘 확립된 상황이라면 좀 더 숙련된 과학자가 초보 과학자들의 관측을 '교정'해줄 수 있습니다. 하지만 그런 기준이 확립되기 이전 상황에서는 내가 본 게 정말 제대로 본 것인지 그 자체가 과학적 논쟁의 대상이 될 수밖에 없습니다. 과학철학에서는 이런 점에 주목해 우리의 오감이나 측정 장치가 수집한 정보 그 자체를 '원자료data'라고 하고 거기서 과학적으로 유의미한 내용을 이끌어낸 것을 '현상phenomena'이라고 합니다. 이제 이 '원자료'와 '현상'의 구별을 통해 해왕성의 발견 과정을 분석해보겠습니다.

르베리에의 예측 이전에는 왜 관측천문학자들이 해왕성을 못 봤을까요? 당연히 그때도 망원경이 수집한 원자료에는 해왕성으로 해석될 만한 정보가 있었을 겁니다. 해왕성은 르베리에의 예측 이전에도 분명 '존재'했으니까요. 하지만 당시에는 하늘의 그 영역에 새로운 행성이

있어야 할 이론적·경험적 이유가 없었기에 사람들은 이 정보를 과학적으로 유의미한 신호signal로 판단하지 않았습니다. 과학적으로 별 의미가 없는 (혹은 우리가 그 내용에 대해 잘 모르는) 잡음noise으로 여겼던 겁니다.

그런데 르베리에의 예측이 나오자 신호와 잡음을 구별하는 기준이 달라질 수밖에 없었죠. 이제는 하늘의 그 영역에 행성이 존재할 이론적 이유가 생겼고 따라서 그 영역의 시각 정보들 속에서 사람들이 훨씬 열심히 '신호'를 찾기 시작합니다. 그러다 마침내 해왕성을 '발견'하게 된 것이죠. 계속 강조합니다만, 원자료 차원에서만 생각하자면 르베리에의 예측 이전과 이후는 별다른 차이가 없습니다. 르베리에의 예측이 망원경으로 보이는 시각 정보가 과학적으로 무의미한 잡음이 아니라 유의미한 신호일 가능성을 높여준 거예요. 다른 말로 하자면,

이제는 망원경으로 수집한 원자료가 현상으로 해석될 여지가 많아진 겁니다.

수많은 사람이 원자료로부터 해왕성에 해당하는 현상을 읽어낼 수 있게 되자 과학계가 해왕성을 '발견'했다고 '합의'하기에 이릅니다. 이처럼 과학은 그 자체로는 의미를 갖지 않는 원자료를 최대한 객관적으로 수집한 뒤 그로부터 과학적으로 유의미한 현상을 구성해내고 그 현상을 설명해줄 이론을 찾아가는 방식으로 발전합니다. 물론 해왕성의 발견처럼 이론적 예측이 선행하고 현상의 발견이 뒤따르는 경우도 있습니다만, 어떤 경우든 내가 보고 싶다고 해서 그 현상을 마음대로 볼 수 있는 것은 결코 아닙니다. 원자료 수집이 객관적으로 이루어질 수 있도록 엄밀한 방법론이 확립되어 있기 때문입니다.

그렇다고 해서 원자료가 정해지면 현상도 자동적으로 정해지는 것 또한 아닙니다. 경쟁하는 연구팀이 상대 연구팀의 실험결과에 관한 '해석'을 두고 논쟁을 벌이는 일이 과학계에서 흔하게 일어난다는 사실이 이 점을 잘 보여주죠. 여기서 중요한 것은 원자료를 과학적으로 유의미한 현상으로 해석해내는 과정에서 창의적 '상상력'이 발휘된다는 점입니다. 탁월한 과학자일수록 같은 원자료에서도 다른 사람들은 보지 못한 것, 과학적으로 유의미한 '현상'을 읽어내는 뛰어난 상상력을 지니고 있다는 게 중요해요. 물론 이때의 상상력이 '발산적 상상력'일 수 있습니다만, 관련 이론 및 경험적 사실을 종합해 목표에 도달하는 '수렴적 상상력'인 경우가 훨씬 더 많습니다. 해왕성의 발견이 그랬듯이 말입니다.

수성의 근일점과 벌컨

르베리에의 해왕성 발견은 수렴적 상상력이 아주 잘 발휘된 사례로 보입니다. 그런데 이후 상황은 좀 더 복잡하게 전개됩니다. 천왕성의 궤도 문제를 '수학적 계산'만으로 성공적으로 해결한 르베리에는 내친김에 '수성 근일점' 문제도 같은 방식으로 해결해보려 시도했습니다. 수성은 질량도 워낙 작고 거대한 태양에 가까이 있어서 공전 궤도가 불규칙합니다. 수성의 근일점이란 수성이 공전 주기 중 태양에 가장 가깝게 가는 지점을 의미하는데, 이 근일점이 매 공전 주기마다 다릅니다. 이 근일점이 달라지는 현상이 왜 일어나는지를 르베리에가 설명해보려고 했던 것이죠.

일단 수성의 근일점 이동이 뉴턴 역학으로 설명되지 않는다는 점이 중요합니다. 천왕성의 궤도와 마찬가지로 말이죠. 그래서 르베리에는 수성 안쪽에 새로운 행성(이 행성을 그는 '벌컨'이라고 명명합니다)이 있다고 가정하고 그 벌컨이 어떤 질량을 갖고 어떤 궤도를 돌 때 수성의 근일점이 뉴턴 역학으로부터 예측될 수 있는지를 역으로 계산했습니다. 천왕성의 궤도를 관측치와 맞추기 위해 해왕성의 질량과 궤도를 계산한 방식과 정확히 동일한 방식이었죠. 그런 다음 르베리에는 자신만만하게 관측천문학자들에게 하늘의 어디쯤에서 벌컨을 찾아보라고 했습니다.

어떤 일이 벌어졌을까요? 놀랍게도, 이번에도 벌컨이 발견되었습니다! 그것도 여러 사람이 수백 건의 관측을 통해 벌컨의 존재를 확인했다고 보고했죠. 당연히 르베리에는 다시 한 번 프랑스 과학의 위상을

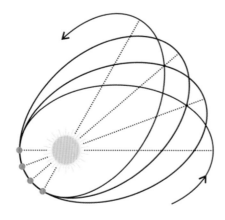

수성의 근일점 이동을 개념적으로 보여주는 그림(실제보다 과장되게 표시되었다는 점에 유의).

드높인 영웅이 되었고, 스스로도 '태양계의 행성을 두 개나 더 예측한 과학적 성취를 이루었다'라고 믿은 채로 1877년에 사망했습니다.

그런데 이상한 일이죠? 우리가 현재 알고 있기로는 수성 안쪽에 행성이 없으니까요. 중고등학교 교과서에도 나오는 것으로 누구나 아는 사실이죠. 그런데 어떻게 있지도 않은 행성을 19세기 과학자들은 '발견'했다고 믿었을까요? 이 또한 가만 생각해보면, 그러니까 앞서 언급한 '원자료'와 '현상'의 차이, 신호와 잡음의 차이를 생각해보면 충분히 이해할 수 있는 상황입니다.

수성 궤도 안쪽은 태양의 흑점 활동이나 코로나(태양 최상층부 대기 활동) 등이 심해 오늘날의 장비로도 '현상'을 확정하기가 쉽지 않은 영역입니다. 당연히 신호와 잡음을 구별하는 기준을 확정하기가 매우 어렵죠. 그런데 이미 해왕성을 발견해 과학적 권위를 획득한 르베리에가 엄밀한 이론적 계산을 거쳐 그 영역에 벌컨이 존재하리라고 예측해준 겁니다. 그 영역에 대해 수집된 원자료를 잡음이 아니라 신호로 해석할 이론적 근거가 상당히 강력해지죠. 그러자 르베리에가 예측한 벌컨이라는 '현상'을 자신들이 수집한 원자료에서 '보게' 되는 겁니다.

물론 르베리에가 살아 있던 때에도 벌컨 관측에 의문을 제기하는 사람이 있었습니다. 주로 과학연구에서 프랑스와 경쟁을 벌이던 독일의 과학자들이었죠. 하지만 벌컨의 존재에 대해 관련 과학자들이 전반적으로 회의적이 된 것은 르베리에가 사망한 이후 그의 과학적 영향력이 약해진 다음이었습니다. 벌컨을 못 보았다는 주장이 점차 많아졌고 19세기 말이 되면 벌컨은 '존재하지 않는 것'으로 과학계의 합의가 바뀝니다. 수성의 근일점 이동은 르베리에에 의해 해결되었다고 생각되었다가 다시 미해결 문제가 되고 말았습니다. 결국 이 문제를 궁극적으로 해결한 것은 20세기 들어 기존의 뉴턴 역학을 대체한 아인슈타인의 일반상대성이론이었습니다.

과학연구의 비알고리즘적 성격

르베리에는 자신이 뉴턴 역학을 '수호'하는 방식으로 수성의 근일점 이동 문제까지 해결했다고 믿었습니다. 하지만 실제로 그 문제를 해결한 이론은 뉴턴 역학의 한계를 '극복'한 아인슈타인의 일반상대성 이론이었죠. 이 사실은 수렴적 상상력만으로 과학의 모든 문제를 해결할 수는 없음을 보여줍니다. 어떤 경우에는 아인슈타인의 일반상대성이론처럼 기존 이론의 기본 개념과 이론 틀을 '획기적으로 바꾸는' 발산적 상상력이 반드시 필요합니다.

그런데 진짜 어려움은 이 지점에서 시작됩니다. 르베리에는 수렴적 상상력을 성공적으로 활용해 천왕성의 궤도를 설명했습니다. 하지만 수성의 근일점 이동 문제를 해결하는 데는 실패했죠. 이 두 문제를 푸는 과정에서 르베리에는 정확히 동일한 방법을 썼습니다. 즉 뉴턴 역학이라는 기존 이론을 그대로 지켜내면서 해왕성과 벌컨이라는 보조 가설을 도입했어요. 그런데 어떤 경우에는 성공하고 어떤 경우에는 실패한 겁니다. 게다가 어떤 경우에 실패하고 어떤 경우에 성공하는지를 미리 알아낼 방법도 없었습니다. 이는 오직 후속 과학연구의 성과를 통해서만 드러나는 사실이기 때문입니다.

바로 이 점이 굉장히 중요합니다. 항상 '알고 보니 그렇다'라는 거예요. 미리 알 수가 없습니다. 우리는 신이 아니니까요. 과학자들은 일반적으로 성실하게 연구를 수행하고 동료 과학자와 협력하는 동시에 상대방 연구의 문제점을 지적하면서 과학지식을 성장시켜 나갑니다. 하지만 아무리 뛰어난 과학자도 신은 아닙니다.

지금 당면한 문제를 수렴적 상상력으로 해결해야 할지 발산적 상상력으로 해결해야 할지를 판단하는 것은 매우 어려운 일입니다. 르베리에처럼 훌륭한 과학자조차 한 번은 성공하고 다른 한 번은 실패할 정도로요. 과학연구의 이런 측면이 제가 이른바 '비알고리즘적 성격'이라 부르는 것입니다.

요즘은 확률적 알고리즘도 존재하지만 전통적 알고리즘은 매 단계마다 어떤 결정을 내려야 할지가 명확히 규정되어 있습니다. 하지만 과학연구의 매 단계에서 과학자들은 서로 다른 결정을 각자 충분히 과학적인 이유에서 내릴 수 있습니다. 예를 들어 수성의 근일점 이동 문제를 해결하기 위해 수렴적 상상력을 활용할지 발산적 상상력을 활용할지 결정할 때처럼 말이죠.

각각의 결정이 옳은지 그른지는 후속 연구로 판명이 날 수 있습니다만, 나중에 '틀린' 결정이라고 판명 난 연구를 수행했던 과학자가 연구 과정에서 '비과학적'이었거나 과학연구를 '제대로 수행하지 않았던 것'은 아닙니다. 예를 들어 르베리에는 수성의 근일점 이동 문제를 설명하는 데서는 비록 틀렸으나 자신의 연구 과정에서 오류를 범했다고는 볼 수 없습니다.

과학연구에서 핵심적 능력은 고정된 과학연구의 알고리즘에 충실한 것이 아니라 원자료를 최대한 객관적으로 수집하고 그로부터 통찰력과 상상력을 발휘해 서로 정합적인 현상과 이론을 만들어내는 능력입니다. 이 능력이 비알고리즘적이기에, 즉 과학자마다 다른 방식과 다른 '스타일'을 발휘할 수 있기에 과학연구가 매력적인 것이라고도 볼 수 있습니다. 위대한 과학연구에서는 언제나 그 연구를 수행한 과학자의 '스타일'이 빛나기 마련입니다.

과학은 이것을 상상력이라고 한다

실험실에서 펼쳐지는
예술 혹은 노동

과학연구와 예술 창작의 닮은 점

　이제 앞선 논의에 기초해 과학기술의 예술적 성격을 이야기해보려 합니다. 그런데 '과학기술의 예술적 성격'이라는 말은 오해의 여지가 있습니다. 우리는 이미 다양한 대중매체를 통해 과학기술과 예술의 '만남'이라는 주제에 익숙합니다. 컴퓨터공학자가 만든 미디어아트랄지 대도시 빌딩에 투사된 멋진 파사드 작품 등은 낯설지 않은 문화적 풍경이 되었어요. 사실 당대의 첨단기술이 예술 창작 과정에 활용되는 일은 우리 시대에만 국한되지 않습니다. 모험적인 예술가들은 오래전부터 새로운 표현 기법이나 예술 형식을 찾았고 그 답을 새롭게 등장하는 기술적 고안물에서 얻기도 했습니다.

　예컨대 프랑스 인상주의 화가들이 독특한 화풍을 만든 배경에는 당시 급부상한 화학 산업에 힘입어 생산된 수많은 색감의 인공 염료가 있었다는 사실은 잘 알려져 있죠. 비디오아티스트 백남준처럼 20세기 중엽 대량생산이 시작된 비디오 영상 기술에서 새로운 표현 매체와 예술 장르의 가능성을 본 사람은 어느 시대에나 있었다는 겁니다.

이와 같은 예술 활동은 그 자체로 무척 중요한 일입니다만, 우리가 다루고자 하는 '과학기술의 예술적 성격'은 그런 것을 가리키지 않습니다. 인상파 그림이나 비디오아트에서 '과학기술'은 도구적 성격을 부여받습니다. 예술가들의 창작 활동에 쓰인 과학기술은 그저 새로운 표현 매체를 제시하는 역할을 할 뿐이죠. 물론 매체가 그 매체로 표현되는 내용을 어느 정도 규정한다는 점도 무시할 수 없습니다. 동일한 문학적 상상력을 시로 표현할 때와 소설로 표현할 때 그 내용이 얼마나 달라질지 상상해보면 이 점은 쉽게 이해가 갑니다. 따라서 첨단 과학기술이 제공하는 새로운 표현 방식이 기존 예술의 정체성에 아무런 영향도 끼치지 않는다고 말하기는 어렵습니다.

대량복제 시대에 예술의 특징이 무엇인가를 이야기했던 발터 베냐민Walter Benjamin, 1892~1940의 통찰을 봐도 그렇고, 팝아트의 등장만 봐도 예술 작업에서 매체의 변화는 '무엇이 예술이고 예술이 추구하는 바는 무엇인가'를 규정하는 데 분명한 변화를 가져옵니다. 그러나 구체적인 작품 수준에서 볼 때 앞서 지적한 '만남'은 대개 예술적 상상력이 과학기술적 '도구'로 표현된다는 점이 핵심이죠.

다음 이미지를 한번 볼까요? 그리고 이 이미지를 어떻게 얻었을지 한번 생각해봅시다. 언뜻 보기에는 팝아트 같기도 합니다. 물감을 적당히 흩뿌려 만든 예술작품처럼 보일 수 있는데요, 실상은 그렇지 않

습니다. 일단 어떤 '것'을 만들고 그걸 사진으로 찍은 겁니다.

그 어떤 '것'은 무엇일까요? 세제입니다. 빨래할 때 쓰는 세제를 적당히 용매에 풀고 거기에 특수 염료를 뿌립니다. 세제가 염료에 들러붙으면 물결무늬 같은 너무 뻔한 패턴이 나온다는 걸 잘 알기에, 응집성이 비교적 약한 염료들을 적당히 뿌려준다고 합니다. 그런 다음 고배율 현미경으로 찍으면 위와 같은 이미지가 나온다는 거죠. 자, 그럼 이건 공들여 만든 예술작품이라고 할 수 있을까요?

세제를 희석하고 염료를 적당히 뿌려 사진 찍은 게 전부인데 과연 예술작품이 맞는지 얼핏 의문이 들 수 있습니다. 하지만 사진작가가 아름다운 숲과 호수를 '찍은' 것이 훌륭한 예술작품이 될 수 있다면 위 이미지도 당연히 예술작품이 될 수 있는 것 아닐까요? 조금 더 난해한 질문도 가능합니다. 이것이 예술작품이라 한다면 과연 어떤 종류의 예술작품인가? 이를테면 예술가의 생각을 인위적으로 구현한 추상적 조형 작품에 가까운가 아니면 기암괴석을 절묘하게 담아낸 사진 작품에 가까운가?

일단, 인위성이 강한 작품이라는 생각은 듭니다. 세제에 염료를 섞는 일은 자연적으로 발생하는 일은 아니니까요. 게다가 세제나 염료 자체가 지극히 인위적인 산업 생산물이죠. 하지만 조금 더 생각해보면, 이 이미지의 생산 과정 자체는 지극히 우연적이고 자연적입니다. 어떤 색의 염료가 세제 분자에 어떤 형태로 결합하느냐는 우리가 통제할 수 있는 사항이 아니거든요. 그저 여러 번 시도해보고 가장 그럴듯한 이미지를 고를 뿐이죠. 이런 방식이라면 '자연'이 예술가 노릇을 하고 우리는 그 결과물을 그저 사진으로 '보고'한다고 생각할 수도 있지 않나요?

앞서 저는 우리가 다룰 과학기술의 예술적 성격은 위 이미지를 얻어낸 방식처럼 과학기술이 예술적 작업에 '도구적'으로 활용된 상황을 다루는 것이 아니라고 분명히 밝혔습니다. 그렇다면 과학기술은 어떻게 예술적 성격을 갖는 걸까요? 제가 보기에는 과학의 '연구 과정' 자체가 예술의 '창작 과정'과 유사점이 많습니다. 이 유사점을 이해하는 과정에서 우리는 저 위의 이미지의 경우와 마찬가지로 과학연구 결과가 '인위적'으로 얻어진 것인지 아니면 '자연현상'을 그저 수동적으로 기록하고 보고한 것인지 구별하는 일이 결코 간단치 않음을 발견하게 될 겁니다.

과학은 실험이고 실험은 과학이다

일단 지식으로서의 '과학science'과 '과학연구scientific research'를 구별하는 게 중요합니다. 이 둘 사이에 무슨 차이가 있느냐며 의아해할 수도 있어요. 과학연구를 하면 과학지식이 도출되는 것 아닌가, 그러므로 결국 둘은 같은 것 아닌가 하고 말이죠.

과학 교과서에 등장하는 합의된 과학지식은 분명 이전의 과학연구로 얻은 것입니다. 하지만 과학연구의 진행 과정에서 발견되는 특징은 완성된 과학의 특징과는 상당히 다릅니다. 그래서 잘 정리된 과학지식만이 아니라 '진행 중인 과학science in action'에 대한 연구를 최근의 과학철학과 과학기술학에서는 주목하고 있습니다.

아래 이미지를 한번 보시죠. 포털 검색창에 'scientific research'라고 치면 흔히 떠오르는 이미지입니다. 대개 깔끔한 흰색 실험복을 입은 과학자 두셋이 실험용 안경을 쓰고 색색가지 액체를 섞고 있거나 배양 접시를 들여다보는 모습입니다. 최근에는 시험관만큼이나 컴퓨터도 자주 등장합니다.

그런데 제가 '실험연구experimental research'라는 단어로 검색한 것이 아니라는 데 주목할 필요가 있습니다. 즉 '과학'연구와 관련해 자주 쓰이거나 곧잘 연상되는 이미지는 단연코 '실험'연구라는 점을 보여주죠. 실제로 21세기 현재의 과학연구에서 실험연구가 차지하는 비중은 참여 연구자의 수나 산출되는 연구결과의 양, 투입되는 자원의 양 등 어떤 지표로 판단해도 단연코 압도적입니다.

이런 현상이 현대에 갑자기 등장한 것은 아닙니다. 과학의 역사에서

'과학연구scientific research'라는 단어로 이미지 검색을 했을 때 흔히 제시되는 사진.

관측이나 실험 활동을 전혀 하지 않으면서 오직 이론적 연구만 하는 과학자는 거의 없었습니다. 코페르니쿠스도 뛰어난 관측천문학자였고 뉴턴도 수많은 화학·광학 실험을 수행했으며 아인슈타인조차 취리히 공과대학 재학 시절 이론 강의는 자주 빼먹었어도 실험에는 열심이었죠. 어떤 때는 지하 실험실에서 몇 시간이고 실험에 몰두했습니다.

물론 현대과학 이전에는 이론적 연구가 아예 없었다는 뜻은 아닙니다. 단지 20세기 이전 과학에서 이론과 실험은 항상 결합된 방식으로 수행되었지 현대과학처럼 이론연구와 실험연구가 분리되어 있지 않았다는 겁니다. 그런데 '이론'과 '실험'이 각각의 연구로 분리된 지금, 대다수 사람은 '과학'이라 하면 방정식 몇 개로 우주의 비밀을 해명해내는 이론적 작업을 먼저 떠올립니다. 하지만 실제로는 어떤 질문에 대한 답을 찾기 위해 자연현상을 꼼꼼히 관측하거나 실험장치를 잘 배열해 특정한 인과적 효과를 구현해내는 일이 현대과학 영역의 대부

과학은 이것을 상상력이라고 한다

분을 차지하는 연구 활동입니다.

이는 과학연구가 '머리'를 쓰는 것만큼이나 '몸'을 쓰는, 정확히 말하자면 머리와 몸을 총체적으로 활용하는 '노동'이라는 점을 함축합니다. 과학이라 하면 '기술'과 달리 지극히 추상적인 활동, 예컨대 수학 문제를 푸는 활동을 떠올리기 쉽지만 실제 과학연구는 말 그대로 '고된' 노동이라는 것이죠. 물론 그런 과정을 거쳐 도출한 성과에서 큰 보람을 느낄 수 있는, 재미있는 노동이죠. '재미있는 노동'으로서 과학연구가 지닌 특징이 가장 선명하게 드러나는 활동이 바로 실험연구입니다.

그리고 실험은 어렵다

이제 실험연구가 굉장히 어렵다는 점을 짚고 넘어가야 합니다. 세상에 쉬운 일이란 없으니 실험연구도 당연히 어렵겠지요. 하지만 많은 사람의 과학상식에 따르면 적어도 실험은 '제대로만' 수행하면 정직하게 결론이 도출되는 분야 아니던가요? 어차피 자연현상은 참/거짓이 분명하고 정치적 견해에 따라 실험결과가 달리 나오지는 않을 테니(물론 실험이 '제대로' 수행되었다는 전제하에서 그렇습니다) 적어도 실험연구는 성실하기만 하다면 누구나 동일한 결론에 도달할 수 있는 정직한 활동이라는 생각이 들 겁니다.

그런데 이게 그리 간단치가 않습니다. 일단 아무리 잘 훈련된 연구자가 정성을 다해 실험을 해도 대부분의 실험은 성공에 이르기가 쉽지 않습니다. 물론 몇 번의 실험으로도 적합한 데이터를 얻는 운 좋은 경우도 없지는 않지만, 대다수 연구자는 100번 1,000번 실험해도 제대로 된 데이터를 얻지 못하죠. 즉 실험은 잘 안 되는 게 '정상'입니다. '실험 실패'는 통계적 의미에서 아주 흔하게 일어나는 일이라는 이야기입니다.

중고등학교 시절 해봤던 실험 경험을 한번 돌이켜 볼까요? 교과서의 설명대로 장치를 설치하고 하라는 대로 했는데도 교과서가 요구하는 결과가 나오지 않아 당황했던 경험이 있을 겁니다. 예를 들어 갈릴레오의 전설적 실험인 피사의 사탑 실험을 흉내 내서 물체를 높은 탁자 위에서 떨어뜨려 중력가속도를 구하는 실험을 해볼 수 있습니다. 자유낙하 하는 물체가 있고 그 물체의 높이 및 지표면까지 도달하는데 걸린 시간을 알면 중력가속도를 구할 수 있는 식이 있으니까요. 탁자의 높이를 측정하고 낙하 시간을 측정해 이 식에 대입하면 중력가속도를 구할 수 있습니다.

그렇게 직접 해봅니다. 하지만 교과서에 나오는 중력가속도 값인 9, 8이 잘 안 나옵니다. 하라는 대로 다 했는데도 그 값이 안 나와요. 사실 값을 정확히 얻어내려면 엄청난 고민이 뒤따릅니다. 중력을 제외한 모든 인과적 요인을 제거해야 하고 측정 과정에서 발생할 수 있는 오류 요인도 최대한 제거된 실험을 설계하고 수행해야 하거든요. 그렇듯 실험적 전문성이 동원된다 해도 실험 때마다 똑같은 숫자가 탁탁 튀어 나오지는 않습니다. 실험 때마다 조금씩 다른 숫자를 얻게 되는데, 이걸 평균 처리하면 이론값에 가까운 값이 얻어지는 거죠. 실험이 이토록 어렵습니다.

과학은 이것을 상상력이라고 한다

우리가 중고등학생 때 했던 실험은 ① 실험을 어떻게 해야 한다는 '표준적' 실험지침 ② 실험 중에 측정해야 할 값의 종류와 측정 방법 ③ '제대로' 실험했으면 어떤 결과가 나와야 하는지에 대한 정보 ④ 실험에서 얻은 데이터로부터 '마땅히' 얻어져야 할 결론 등이 모두 미리 정해져 실험 지침서에 잘 나와 있습니다. 그 실험지침서를 보고 실험하는 것도 이렇게 어려운데, 만약 그런 실험지침서조차 없다면 무엇을 어디서 시작해야 할지 정말 막막할 겁니다.

이 부분이 중요합니다. 과학연구로서 '실험'이란 기존에 밝혀진 지식을 학습하기 위해, 혹은 실험 기법을 연습하기 위해 수행하는 실험이 아닙니다. '새로운 지식을 획득'하기 위해 수행하는 거죠. 당연히 실험지침이 '미리' 정해져 있을 수 없고 실험연구를 수행하는 개별 연구자(혹은 좀 더 일반적으로는 연구팀)가 각자의 판단에 따라 실험 방법도 정하고 어떤 값을, 어떻게 측정할지도 결정해야 합니다. 실험이 끝나고 운 좋게 데이터를 얻었더라도 이 데이터가 믿을 만한지 검증해야 하고 이 데이터가 무슨 '의미'를 갖는지 탐색해야 합니다.

'원자료'와 '현상'의 구별 문제를 다시 떠올려보세요. 동일한 주제로 실험을 진행하더라도 연구자나 연구팀마다 각기 다른 방식으로 실험하고 데이터를 얻고 결과를 분석하게 됩니다. 이렇게 각기 다른 방식으로 연구된 결과를 과학자 공동체 내에서 상호검증과 비판적 종합을 거치며 점차 '올바른' 실험 방법을 합의해나갑니다. 그런 합의가 상당히 진척되어 관련 연구자 사이에서 '공통지식common knowledge' 같은 것이 형성되면 그때 비로소 실험지침서가 만들어지고, 후속 세대 연구

자들이 이 실험지침서를 보면서 기존의 합의된 과학지식을 습득하게
되는 겁니다.

한마디로 말해 실험연구 과정은 '역동적'으로 진행됩니다. 바로 이
점을 이해하면 앞서 제가 말한 것, 곧 과학연구는 뜻밖에도 예술 작업
과 무척 비슷하다는 점을 이해할 수 있습니다. 예술가들도 자신들이
추구하는 예술적 목표를 달성하려 다양한 방식으로 작업 계획을 수립
합니다. 그 과정에서 어떤 재료를 사용하고 어떤 방식으로 가공할지 등
을 계속해서 결정해야 합니다. 마찬가지로 실험연구자들은 자신이 설
정한 과학적 목표를 달성하기 위해 각기 다른 방식으로 실험 계획을
수립합니다. 어떤 실험 재료를 쓸지, 어떤 방법으로 그 재료를 실험할
지 등을 놓고 끊임없이 고민하고 끊임없이 결정을 내립니다.

간단히 말하자면 실험연구 과정과 예술작품 창작 과정은 상상력과 노동이 통찰력을 매개로 결합되는 작업이라는 점에서 거의 구별할 수 없을 정도로 유사합니다. 하지만 과학연구 결과가 '과학지식'으로 확정되고 나면 이런 유사성은 거의 사라집니다. 예술작품과 달리 과학연구의 최종 결과물은 연구 과정의 흔적을 모두 지운 채 '등장'하기 때문입니다.

실험을 성공적으로 수행해 권위 있는 학술지에 논문을 게재할 때 논문에는 연구 과정 중 연구자가 수많은 선택의 순간에 발휘한 통찰력은 거의 기록되지 않습니다. 어떤 복잡한 연구 과정과 시행착오를 거쳐 최종 결론에 도달했는지도 설명되지 않습니다. 대신, 동료 연구자들에게 최종적으로 제시될 그 결론에서 '출발'하죠. 그 결론이 명쾌하고 합리적으로 이해될 수 있는 방식으로 문제를 설정하고 실험 방법을 기술하며 실험결과와 그로부터 결론에 이르는 추론 과정을 기술합니다.

이는 과학자들이 논문을 쓸 때 '거짓말'로 꾸며댄다는 이야기가 아닙니다. 궁극적으로 볼 때, 논문에 제시된 실험결과와 실험 방법, 추론 과정 및 결론은 모두 연구자들이 실제로 수행했던 내용입니다. 다만 그 과정에서 얼마나 많은 시행착오를 거쳤고 얼마나 어렵사리 어떤 판단을 내렸는지는 논문을 기술할 때는 제거됩니다. 그저 너무나 당연한 출발점에서 시작해 누구나 동의할 수 있는 결론으로 단번에 이른 것처럼, 그 과정이 명쾌하게 기술된다는 거죠.

이처럼 과학 논문이나 교과서에 실려 후속 세대 과학자들에게 '지식'으로서 제시되는 과학은 역동적 연구 '과정'에 비하면 훨씬 정제된 것, 논리적인 것으로 보입니다. 그렇다면 합리적 과학과 즉흥적 예술의 '대립'은 실제 연구 과정이 아닌, 최종 단계의 결과물을 제시하는 방식에서 생겨나는 것이라 할 수 있죠.

실험실에서 얻은 지식과 자연현상

다음 이야기로 넘어가기 전에, 조금 엉뚱해 보일 수 있는 질문을 하나 던져보겠습니다. 실험을 통해 얻은 지식도 자연에 대한 지식이라 할 수 있을까요? 근대과학 이후 시기에는 실험연구가 과학을 주도해 왔기에 이런 질문 자체가 무의미할 수도 있겠습니다만, 이 질문의 답이 항상 '당연히 그렇지!'는 아니라는 이야기를 하고 싶습니다.

암 치료법을 찾는 연구자들이 실험실에서 쥐를 대상으로 어떤 실험을 했다고 가정해봅시다. 특정 약물을 투여한 쥐가 그렇지 않은 쥐에 비해 종양의 크기가 현저하게 줄어들었다고 해보죠. 이 결과가 다른 실험실에서도 재현되었다면 우리는 적어도 '실험실 환경'에서는 이 결과가 타당하다고, 즉 참이라고 인정할 수 있습니다. 그런데 이 결과가 실험실 '바깥'에서도 타당할까요? 우리는 너무도 당연히 '그렇다'라고 답합니다. 실험실 바깥이 무슨 별세상이 아닌 이상 실험실에서 참인 결론이 실험실 바깥에서 달라질 이유가 뭐가 있느냐는 거죠.

실은 수많은 이유가 있습니다. 만약 그런 이유가 없다면 왜 대중매체에서 연일 보도하는 획기적인 연구성과에도 불구하고 현실적으로 우리는 여전히 온갖 질병에 시달리고 있겠습니까. 실험실에서 참인 결론을 실험실 바깥의 다양한 환경에서도 여전히 타당한 것으로 유지하려면 과학적·기술적·사회적 측면에서 추가 연구와 장치가 필요합니다. 이 부분은 나중에 좀 더 자세히 다루기로 하겠습니다. 지금 제가 강조하고 싶은 건 (이런 복잡한 사정을 고려하지 않더라도) 실험실에서 인위적으로 조건을 조절해 관측한 내용이 '자연스럽게' 자연현상에 대해 관련을 가지리라는 생각 자체가 무척 근대적 관점이라는 것입니다.

근대과학이 등장하기 전, 즉 아리스토텔레스 과학 전통이 주도적이던 시절에는 자연을 그대로 관측하지 않고 거기에 뭔가 조작을 가하거나 상태를 변형할 경우 그렇게 얻은 결과는 자연에 대한 '지식'을 제공할 수 없다는 생각이 널리 퍼져 있었습니다. 그것이 유용한 인공물을 만드는 기술이 될 수는 있을지언정 자연철학의 내용이 될 수는 없다는 생각이죠.

사실 실험실에서 실험이 진행되는 과정을 직접 보면 자연과학이 정말 '자연'에 대한 학문인지 의문을 품게 됩니다. 실험실에서 관측되는 현상 중 연구 대상에 '자연스럽게' 이루어지는 상황을 관측한 것은 거의 없습니다. 대개 실험실에서는 연구자가 관심을 갖는 현상의 특정 측면 혹은 인과 작용을 집중해서 보기 위해 다른 인과 작용은 최대한 억제합니다. 이것이 통제실험control experiment의 핵심입니다.

그래서 남극에서도 불가능한 극도로 낮은 온도에서 실험을 하거나 공기를 모두 뺀 진공에서 실험을 하기도 합니다. 자연상태에서는 발견되기 어려운 생활환경을 제공하거나 자연상태에선 흔히 발견되는 포식자를 일부러 제거하고 실험을 하기도 합니다. 있을 법하지 않은 상황,

4장 실험실에서 펼쳐지는 예술 혹은 노동

자연에서는 결코 '자연스럽게' 관측될 수 없는 상황에서 실험을 하고 결과를 얻은 다음 그 결과로부터 '자연에 대한 결론'을 도출해냅니다.

이렇게 하는 까닭은 원인과 결과 사이의 인과관계를 명확히 밝혀내기 위함입니다. 자연현상에는 수많은 인과관계가 중첩되어 있어 자연 그대로 관측해서는 그 관계의 유무나 정확한 양적 관계를 알아내기가 어렵습니다. 그래서 실험연구자들은 알아내고 싶은 인과 과정만 남겨두고 가능한 다른 인과 작용은 제거하거나 억제하며, 그도 안 되면 무작위화randomization를 통해 그 인과 작용의 영향을 최소화합니다.

예를 들어 쥐를 가지고 실험을 한다고 할 때 들쥐들을 그냥 잡아다 실험하는 게 아닙니다. 그러면 과학적으로 의미 있는 데이터를 얻을 수 없거든요. 연구자들은 어떤 유전형질을 가지고 있는지 정확히 알고 있는 쥐로 한정해서 실험을 합니다. 그래야만 그 실험에서 얻은 결과를 유전학적으로 해석해 안정된 현상을 만들어내는 것이 가능하니까요. 과학만 그런 것이 아니라 공학 실험도 마찬가지입니다.

과학자들이 왜 통제실험을 하는지는 이제 이해가 될 거예요. 하지만 그런 극단적 조건에서 얻은 실험결과를 가지고 자연세계에 대한 결론을 도출해낼 수 있다는 것은 여전히 이상하게 느껴지지 않나요? 이 지점에서 근대과학의 아버지라 불리는 갈릴레오가 등장합니다. 자연은 너무도 복잡하기에 한꺼번에 과학적으로 이해하기란 불가능하다, 그러니 실험실에서 극단적 조건, 과학철학에서 쓰는 표현을 가져오자면 '이상화idealization'되었다고 여겨지는 조건을 먼저 연구함으로써 개별 인과관계를 얻어낸 다음, 이를 덧셈하듯 더해서 복잡한 세상을 이해하자는 생각을 갈릴레오가 그래서 한 것이죠.

이런 식의 과학연구 방법론을 상황에 따라 '분석적analytic' 방법이라 부르기도 하고 '환원적reductionistic' 방법이라 부르기도 합니다. 두 개념의 의미는 미묘하게 다르지만 일단 갈릴레오가 이상화를 통해 성취하려 했던 목표, 즉 복잡한 자연을 개별 인과 작용에 대한 연구로 이해하려는 근대과학의 태도를 표현한다는 점에서는 일치합니다. 그런데 갈릴레오의 이런 제안이 어떻게 당시의 주류였던 아리스토텔레스적 직관을 누르고 과학연구의 표준적 방법으로 자리 잡게 되었을까요? 그냥 시간이 흐른다고 사람들이 생각을 바꿀 리는 없잖아요? 당연히 중요한 계기가 여럿 있었습니다. 이어지는 장에서 그중 가장 흥미롭고 시사적인 계기를 소개하겠습니다.

5장

결코 자연스럽지 않은
자연현상 연구

17세기 실험과학자 보일의 고민

현대 과학연구의 주된 내용은 '실험연구'입니다. 그런데 과학연구에서 실험연구가 부상한 것은 근대과학 시기 이후입니다. 실험실에서 인위적 조작을 통해 얻는 결과로부터 '자연에 대한 지식'을 얻을 수 있다는 생각이 그 전에는 전혀 받아들여지지 않았죠. 사실 직관적으로 생각하면 실험실에서 이루어지는 연구로 자연에 대한 지식을 산출해낸다는 것 자체가 신기한 일입니다. 자연에 존재하는 수많은 인과관계 중 특정 인과관계만 골라 실험을 해서 얻은 결과가 실험실 바깥에서도 참되다고 믿는 거잖아요? 즉 실험실에서 관측한 인과관계 말고 수많은 다른 인과관계가 중첩된 자연상태에 대해서도 참된 지식이 된다는 얘깁니다.

이는 당연히, 그럴 법하지 않습니다. 예를 들어 공기가 없는 실험실

상태에서 낙엽을 떨어뜨리면 땅을 향해 일직선으로 규칙적으로 속도가 증가하면서 떨어집니다. 하지만 우리가 가을에 보는 대부분의 낙엽은 지그재그로 불규칙하게 떨어지죠. 그렇다면 실험실에서 얻은 (진공 속 낙엽의 운동에 대한) 지식이 실제 자연에 대한 (공기 중 낙엽의 운동에 대한) 지식이 될 수 있다는 생각은 어떤 의미인가요? 어떻게 이런 생각이 현대 과학연구의 표준적 방법론으로 자리 잡게 되었을까요? 앞서 썼던 표현을 다시 가져오자면, 어떻게 '이상화'된 실험조건에서 얻은 지식이 자연에 대한 지식으로 받아들여지게 되었을까요?

간단히 말해 몇몇 선구적 과학자의 '치밀한' 노력 덕분입니다. 실험연구의 정당성은 자명한 것이 아니었으며 의식적인 '설득' 작업이 필요했다는 말이지요. 대표적 사례가 기체의 압력과 부피의 관계식 '보일의 법칙'으로 유명한 로버트 보일Robert Boyle, 1627~1691입니다. 미리 말하지만, 이 설득 작업은 무척 힘겨운 일이었습니다. 그래서 보일은 특정한 '전략'을 활용해 차근차근 이 작업을 수행했어요. 왜냐하면 당시 널리 수용되던 자연철학에서 지식을 얻는 방법은 아리스토텔레스가 추천한 방식 곧 자연을 '자연 그대로 관찰하는 것'이었기 때문입니다. 실제로 아리스토텔레스는 바닷가를 돌아다니며 해안가에 서식하는 생물을 직접 관찰해 그 특징을 자세히 기술하곤 했습니다.

보일은 막대한 비용을 들여 역사상 처음으로 진공펌프(당시에는 '공기펌프Air Pump'라고 불렀습니다)를 만들어 실험한 사람입니다. 당시의 기술 수준으로는 금속공에서 공기를 빼내는 동시에 공기가 다시 새어 들어가지 않게 하기가 매우 어려웠습니다. 보일의 공기펌프는 지금 우리

로버트 보일
과 그가 만든
'공기펌프'.

가 보기에는 아주 단순한 기계처럼 생각되지만 당대의 유럽 자연철학
자들에게는 너무도 신기한 첨단 장비였죠. 보일이 이런 기계를 제작
할 수 있었던 것은 그가 어마어마한 부자였기 때문입니다. 유럽의 어
떤 자연철학자도 보일의 진공펌프 같은 것을 만들어 보일과 경쟁할
수 있을 정도로 부유하지 못했어요. 즉 보일은 세계 유일의 진공펌프
를 갖고 실험한 장본인이었습니다.

세계 유일의 진공펌프를 갖고 있었지만, 그런 보일도 이 대단한 기
계로부터 유의미한 실험결과를 얻어내는 일이 순조롭지 않았습니다.
무엇보다 저 진공펌프의 금속공 안에 진정한 '진공'을 구현했는지 여
부를 '입증'하기가 매우 어려웠습니다. 그렇다면 보일은 자신이 진공
펌프에서 얻은 실험결과가 '맞다'라는 사실을 어떻게 검증했을까요?
전 유럽에서 진공펌프라는 건 오직 보일만 갖고 있었으니 보일의 실

험을 다른 연구자가 재현해 그 결론을 검증해주기란 원천적으로 불가능했는데 말이죠. 예컨대 보일은 진공펌프 안에 쥐를 집어넣고는 공기를 뺐어요. 그러자 쥐가 죽었죠. 이 실험결과로부터 보일은 공기에 뭔가 쥐의 생존에 중요한 성분이 들어 있다는 결론을 도출하죠(우리는 이 '성분'이 산소라는 것을 압니다). 그런데 그 실험을 다른 사람은 시도조차 해볼 수 없는데 보일의 주장을 어떻게 믿을 수 있었을까요?

실험결과를 믿게 만드는 방법

진공펌프 실험의 결과가 참된 과학적 '현상'임을 확립하고자, 더 나아가 실험으로 얻은 지식도 실험실 바깥에서 적용될 수 있는 지식, 즉 자연에 대한 지식임을 보여주려고 보일은 기막힌 방법을 씁니다. 바로 신사gentleman의 증언을 활용하는 것이었죠.

보일은 귀족이었습니다. 친구 중에 공작이나 대법원장 같은 당시 영국 사회 최고위층 인사가 즐비했어요. 보일은 일단 이 사람들을 불러 모읍니다. 이들은 자연철학은 잘 모르는 사람들이었지만, 그래도 일단 불러 모아요. 그러고는 이들이 보는 앞에서 조수 로버트 훅Robert Hooke을 시켜(자신이 직접 실험을 하기에는 보일의 신분이 너무 높았어요!) 앞서 말한 그 진공 실험을 해보입니다. 그다음, 참석자들에게 각자 본 내용을 확인하도록 합니다. 원래 생생하게 살아 있던 쥐가 정말 죽었다는 걸 확인시킨 거죠. 그러고는 실험 내용을 적고 그 문서에 참석자 모두가 서명하도록 합니다. 보일의 실험을 자신의 두 눈으로 똑똑히 지켜

과학은 이것을 상상력이라고 한다

봤고 문서에 기술된 내용에 어떠한 거짓도 없다는 사실을 인정하는 서명인 거죠. 이런 방식으로 보일은 자신의 실험적 지식을 참된 지식의 지위로 끌어올리는 데 성공합니다.

구체적 절차는 다르지만, 과학지식에 지위를 부여하는 이런 방식은 현재 학술논문 동료평가peer-review 심사의 원형이라 할 수 있습니다. 차이점이라면 이제는 대법원장 같은 사회 고위층 인사에게 과학연구 결과를 평가해달라고 하지 않고 해당 연구 분야를 잘 아는 동료 전문가expert에게 평가를 받는다는 것입니다. 중요한 차이점이지만, 더 일반적 의미에서 보자면 본질적 차이는 아닙니다. 왜냐하면 보일이 앞서 말한 방식으로 획득하고자 했던 것은 그들의 사회적 명성이나 지위가 아니라 당대 맥락에서 그 사회적 신분이 부여해주는 인식론적 신뢰성이었기 때문입니다.

이는 우리가 동료 전문가로부터 추구하는 최종 목표와 정확히 같습니다. 즉 우리도 관련 내용을 잘 모르는 사람들보다는 관련 과학 전문가의 평가가 '인식론적으로' 더 믿을 만하다고 생각하기에 동료평가를 거쳐 인정된 연구결과를 과학지식으로 인정해주는 것이거든요. 마찬가지로 보일도 당대에 사회적 신분이 높은 사람의 '증언'이 갖는 인식론적 권위를 활용해 실험적 지식도 참된 지식이 될 수 있음을 확립하려 했던 것입니다.

당시 영국 법정에서는 상반되는 증언이 나올 때 어느 증언을 더 신뢰할 만하다고 판단할지를 두고 널리 받아들여지던 기준이 있었습니다. 살인 사건 재판 과정에서 증인 A는 피고가 살인을 저지르는 광경

을 자신이 몰래 목격했다고 진술하고, 증인 B는 피고가 살인이 발생
했던 시각에 자신과 함께 있었으므로 살인자가 아니라고 진술하는 상
황을 가정해보죠. 두 주장이 동시에 참일 수는 없습니다. 그렇다면 누
구의 말을 믿어야 할까요? 다른 증거가 부재한 상황에서 증언만으로
피고의 유죄 여부를 판단해야 한다면 증언의 신뢰도를 평가하는 일은
사법적 정의 구현에서 결정적 문제일 수밖에 없습니다.

　당시 영국 법정은 이런 상황에서 증언을 한 증인이 얼마나 신뢰할
만한 사람인지를 따져 그 증언의 신뢰도를 판단했습니다. 그럼 증인
의 신뢰도는 어떻게 평가할까요? 그 증언이 거짓이라는 게 들통났을
때 입게 될 손해의 크기로 평가합니다. 위증을 했다가 입게 될 손해가
크면 클수록 증인은 위증을 하지 않으려 할 것이라는 상당히 그럴듯
한 생각에 따른 것이죠. 이 논리에 따르면 사회적 신분이 높은 사람일
수록 위증을 했을 때 잃을 게 너무 많고, 그렇기에 위증을 덜 하리라

는 결론을 내릴 수 있습니다. 당시 영국 법정에서는 이런 나름의 논리에 따라 사회적 신분이 높은 사람의 증언에 더 높은 인식론적 신뢰성을 부여하는 평가 방식이 통용되었고, 보일은 이 방식을 실험으로 얻은 결론에 과학지식의 지위를 부여하는 절차에 응용한 것입니다.

물론 현재 우리는 사회적 신분이 아니라 과학적 '전문성'에 근거해 인식론적 신뢰성을 부여합니다. 하지만 보일의 '신사평가'와 현대 과학연구의 동료평가 모두 '사회적 방식', 즉 인식론적 신뢰성을 부여받은 여러 사람의 '합의'로 과학지식의 지위를 부여한다는 점에서는 동일합니다. 이 부분에서 좀 의외라는 생각이 들 수 있습니다. 대다수 독자는 자연과학 지식이 (대개는 기술을 경유해) 사회에 영향을 주는 상황에는 익숙해도 정치사회적 절차가 자연과학연구에 영향을 주는 상황은 낯설게 느낄 테니까요. 하지만 과학연구의 역사에서 이런 일은 종종 일어납니다. 사회적 신뢰도 평가 방식을 과학지식 확립 과정에 도입한 보일은 이런 점에서 사회와 과학 사이의 상호작용을 탁월한 방식으로 매개한 과학자로 평가받을 만하죠. 그렇지만 사실 보일이 이런 일을 한 유일한 과학자인 것은 아닙니다.

세계가 한 치의 오차도 없는 '법칙'의 지배를 받는다는 생각도 그렇습니다. 사실 이런 발상은 근대과학 시기에 인간이 만든 법률이 사회를 지배하는 방식으로부터 유비되어 나온 것이거든요. 당연히 인간이 만든 법률과 자연법칙에 대한 우리의 직관은 보일의 '신사'평가와 현대 과학연구의 '동료'평가 사이만큼이나 큰 차이가 있습니다. 하지만 자연법칙 개념을 포함해 과학과 사회 사이의 상호작용은 한 방향으로

만 영향을 주는 게 아니라 진정한 '상호'작용이라는 점을 기억해둘 필요가 있습니다.

과학자들이 실험을 하는 진짜 이유

'실험연구'와 관련해 널리 퍼진 오해가 또 하나 있습니다. 이것은 특히 철학자들이 퍼뜨린 오해인데요. 과학연구에서 실험은 단지 '이론을 검증하는 도구'라는 생각이죠. 뛰어난 이론과학자가 이론을 제안하면 그 이론의 진위 여부를 실험으로 검증해보고 만약 틀리면 이론과학자가 다른 이론을 제시해 실험과학자에게 또다시 검증을 부탁하는 식입니다. 이렇게 서술해놓고 보니 실험과학자는 왠지 이론과학자가 과학지식을 만드는 과정에서 보조적 역할만 하는 듯 느껴집니다. 하지만 현대 과학연구에서 이루어지는 실험연구 가운데 특정 이론을 '검증'하기 위해 수행되는 실험은 상대적으로 매우 적습니다.

그럼 실험과학자들은 도대체 무슨 연구를 하는 걸까요? 이론을 검증하는 것 말고 실험의 목적이라는 게 뭐가 있을까요? 약간 이상하게 들릴 수 있겠지만, 실험과학자들은 실험을 위해 실험합니다. 무슨 말이냐 하면, 실험을 통해 '좋은' 데이터를 얻는 것 자체가 실험연구의 목적인 경우가 대부분이라는 겁니다.

'좋은' 데이터란 무엇일까요? 예를 들어보죠. 보일이 진공펌프로 실험하던 시절과 비교하면 현대 과학연구의 진공 실험은 엄청난 수준으로 발전했습니다. 1세제곱미터, 즉 가로·세로·높이가 1미터인 상자

안에 공기 분자가 10개쯤 든 진공 상태를 만들어 물성 실험을 하거든요. 이런 진공을 얻으려면 최신식 진공펌프로도 최소한 일주일은 공기 분자를 빼내야 합니다. 그런데 누군가가 이 실험조건을 더 개량해 1세제곱미터 공간에 분자가 겨우 1~2개 있는 상태를 만들어 동일한 실험을 했다고 해보죠. 그 진공에서 얻은 실험결과는 '좋은' 데이터를 산출한다고 할 수 있습니다. 즉 기존에 이루어졌던 실험의 조건을 좀 더 엄밀하게, 특히 기존에는 구현하기 어려웠던 실험조건을 구현해서 얻은 데이터이고, 바로 이런 게 '좋은' 데이터라고 할 수 있는 겁니다.

이처럼 대부분의 과학실험연구는 기존에 이루어졌던 실험을 좀 더 정밀화하거나 기존에는 기술적 제약이나 설계상의 어려움으로 구현하지 못했던 실험조건을 만들어 '좋은' 데이터를 얻는 방식으로 진행됩니다. 그러니 실험을 더 잘하는 것 자체가 실험의 목적이 되는 경우가 많습니다. 그리고 '더 잘하는' 것의 평가 기준은 앞서 이루어졌던 실험연구가 됩니다. 결국 현대의 실험연구는 대부분 앞선 실험연구로 확립된 실험연구 전통을 더 발전시키는 방식으로 진행됩니다. 이론을 검증하는 실험도 물론 실험연구의 중요한 부분이지만 결코 실험연구의 정체성을 구성하는 핵심이라 볼 수는 없습니다.

실용적 목적의 실험도 없지는 않습니다. 특히 기술공학 연구에서는 실용적 목적으로 실험이 수행되는 경우가 비교적 많습니다. 예를 들면 '시뮬레이션' 혹은 흉내 내기 실험연구가 대표적이죠. 비행기를 설계할 때 어떤 모양이 가장 바람직한지 알아내느라 그 거대한 비행기를 일일이 만들어 비행시켜보기는 어렵잖아요? 실제와 동일한 상황에

123

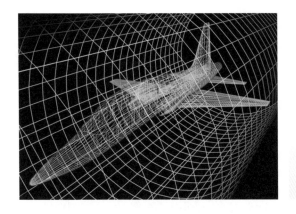

서 실험을 하는 방식은 비용도 많이 들 뿐 아니라 아무래도 비현실적
인 일이니까요. 대신 정교한 모형 비행기를 만들고 인공적으로 다양한
기류 조건을 구현할 수 있는 장치를 만듭니다. 그런 다음 그 장치 안
에서 먼저 실험하고 그로부터 얻은 데이터를 적절히 해석해 실제 비
행기 설계에 활용하는 것이 일반적 방식입니다. 모형을 만들거나 필요
한 실험조건을 만드는 것조차 어려운 경우에는 아예 컴퓨터로 '가상'
실험을 수행하기도 하죠.

이렇게 실용적 목적을 달성하기 위한 실험도 있지만 이런 실험까지
포함하더라도 실험연구는 결국 '좋은' 데이터를 얻는 것을 일차 목적
으로 삼고 있습니다. 그리고 어떤 것이 '좋은' 데이터인지에 대해서는
개별 과학연구 분야마다 오랜 실험연구 전통을 통해 확립된 다양한
기준을 갖고 있습니다. 실험과학자들은 이 기준에 따라, 그리고 어떤
경우에는 실험연구의 발전에 따라 이 기준 자체를 변경해가면서, 실험

을 통해 과학지식을 성장시키는 겁니다.

그런데 여기서 앞서 제기됐던 의문이 다시 등장합니다. 실험연구는 이렇듯 충분히 극단적이고 인공적인 실험조건을 더욱더 극단적으로 만들어서 수행되는데(왜냐면 그런 극단적 실험조건은 구현하기가 더 어려울뿐더러 '좋은' 데이터가 나오는 조건이기도 하거든요), 그 인공적 조건으로부터 얻은 연구결과가 어떻게 '자연'에 대한 지식이 될 수 있을까요?

앞서 소개한 모형 비행기 실험처럼 실용적 목적에서 수행되는 실험이야 '인공물'을 만들기 위한 실험이니까 그 인공물을 더 잘 만들기 위한 지식을 실험을 통해 얻고자 하는 것은 충분히 이해할 수 있는 일입니다. 하지만 실용적 맥락이 아닌 상황에서 이루어지는 실험이 자연에 대한 '지식'을 제공할 수 있는 이유는 대체 무엇인가요?

실험용 쥐는 자연인가

생물학 실험실에서 암 연구를 위해 쓰는 실험용 쥐를 온코마우스 oncomouse라고 하는데, 이 특별한 쥐가 꽤 비싸다고 합니다. 최근에는 가격이 많이 올라 한 마리당 3만~4만 원까지 한다고 해요. 그런데 과학적으로 의미 있는 통제실험을 하려면 이런 온코마우스를 적어도 300~500마리는 써야 한답니다. 생물학 실험, 특히 온코마우스를 써야 하는 의학실험연구에 돈이 많이 들 수밖에 없는 이유입니다.

정도 차이는 있지만 대개 생물학 연구실에서 실험생물은 '모셔야' 하는 아주 귀한 존재입니다. 통제실험에서 '좋은' 데이터를 얻으려면 실험조건을 실험의 목적과 실험생물의 특성에 맞게 일정하게 유지해 주어야 하기 때문에 그 실험생물에(그 실험생물을 가지고 실험하는 인간 연구자가 아니라!) 적합한 온도와 습도가 실험실의 온도와 습도가 되는 경우가 많습니다.

연구비가 남아도는 실험실이 아닌 이상 대개 인간 연구자는 실험생물의 조건에 맞춘 실험실에서 적잖이 고생을 해야 할 수도 있습니다. 땀을 뻘뻘 흘리거나 오들오들 떨면서 실험하는 경우가 많으니까요. 물론 사람들과 달리 실험생물들은 실험 마지막 단계에서는 대부분 죽음을 맞게 된다는 점을 잊지 말아야 합니다. 과학지식의 성장과 인류 복지를 위해 희생되는 것이지요.

온코마우스는 암 연구를 위해 생명과학자들이 만들어낸 모델동물입니다. 암은 다양한 방식으로 발병하지만 암 관련 유전자의 변이나 발현 과정 조절에 문제가 있는 경우가 많습니다. 이 과정을 연구하기 위해 정상적 쥐의 암 발현 조절 유전자를 암 유발 확률이 높은 유전자로 대체한 새로운 쥐를 1980년대에 하버드대 과학자들이 실험실에서 만들었습니다.

이 온코마우스 및 관련 실험 테크닉에 '특허'가 부여되었고 이 특허는 2005년 시효가 끝났습니다만, 원래는 '자연물'이었던 쥐를 두고 그 유전자 변형 결과물 및 관련 실험 방법에까지 특허를 부여하는 것이 적절한가 하는 사회적 논쟁을 불러일으켰죠. 하지만 지금 우리는 그와는 좀 다른 질문을 해보려고 합니다. 이 온코마우스는 '자연'일까요?

생물학 실험실에서 쓰는 실험용 쥐는 특정 연구를 위해 만들어진 모델동물이다.

　암은 인간의 암이든 쥐의 암이든 분명 자연의 산물입니다. 하지만 온코마우스는 실험실에서 여러 복잡한 유전자 변형 과정을 통해 탄생한 '인공물'이라 할 수 있습니다. 그런데 책상이나 컴퓨터처럼 전형적인 인공물과 달리 온코마우스는 자연종 쥐와 교배해 자손을 남길 수 있습니다. 그러니 온코마우스는 인공적인 동시에 자연적인, 말하자면 이중정체성을 갖는다고도 할 수 있겠습니다. 왜 자연적으로 발생하는 암을 연구하는 자연과학자가 이렇게 이중정체성을 갖는 온코마우스를 만들어 실험연구를 수행할까요? 당연히 그런 연구를 통해 얻은 실험지식이 자연적으로 발생하는 암을 이해하고 예방책·치료책을 개발하는 데 도움을 주기 때문입니다.

　온코마우스를 포함해 수많은 유전학 실험연구는 특정 유전자의 기능이나 발현을 통제한 후 어떤 결과가 나타나는지를 체계적으로 관측하는 방식으로 이루어집니다. 그 연구로 특정 유전자가 제 기능을 수행할 때 어떤 역할을 담당하는지 역으로 추론하려는 것이지요. 이런 실험 방법이 바로 '분석적 방법'의 전형적 사례입니다. 암에 관여하는 복잡한 인과관계를 '자연상태'에서 관측해 한꺼번에 이해하려는 불가능한 시도를 하기보다는, 특정 유전자의 인과적 힘을 온코마우스 등의 인공-자연물을 활용해 개별적으로 탐색한 후, 이렇게 얻은 지식을 모두 모아서 궁극적으로는 복잡한 자연현상에 대한 종합적 이해 및 지식을 얻으려는 것이지요.

요컨대 실험연구에서 지극히 인공적이고 극단적인 실험조건에 집중하는 것은 그 과정에서 '단일' 인과관계에 대한 지식을 얻을 수 있기 때문입니다. 개별 실험연구에서 얻은 개별 인과관계에 대한 지식이 실험실 바깥의 복잡한 인과관계를 이해하는 데 도움을 준다는 근본적 가정 아래 실험연구가 수행되는 것입니다. 이 가정은 타당할까요? 앞서 든 낙엽의 예에서 알 수 있듯 우리가 밝혀내지 못한 다른 인과관계가 복잡하게 작용하는 상황에서는 당연히 타당하지 않습니다. 실험연구에서 얻은 결과가 자연상태에서 재현되지 않는다는 겁니다. 하지만 인공적 조건에서 얻은 실험결과를 그와는 상당히 다른 자연상태에서도 타당하게 만드는 좋은 방법이 하나 있습니다. 바로 자연의 의미를 재규정하는 겁니다.

날씨가 쾌청하면 산이나 들로 나가 '자연'에 흠뻑 취해보고 싶은 마음이 절로 들죠. 그런데 풍광 좋은 명산에, 울창한 숲과 들판에, 생태공원에 아름답게 핀 꽃들은 모두 '자연'일까요? 조금만 생각해보면 '인간의 개입이 전혀 없는 원시적 상태'로서 자연일 리는 없다는 점을 깨달을 수 있습니다. 아마존의 극히 일부 지역을 제외하면 사람의 손길이 한 번도 닿지 않은 지역은 지구상에 없습니다. 특히 우리나라의 온 산에 무성한 숲은 대부분 국가 차원에서 '녹화사업'을 벌여 인공적으로 조성한 것들입니다. 게다가 녹화사업을 위해 심은 나무들은 대체로 관련 과학연구를 기반으로 성장 속도나 병충해 저항성 등을 향상시킨 '개량종'입니다. '온코마우스'처럼 최첨단 유전공학적 기술이 적용된 경우가 아니라 해도 근본적 수준에서는 온코마우스와 별 차이가 없는 '인공-자연' 이중정체성을 가진 나무라는 겁니다. 생태공원에서 흔히 볼 수 있는 예쁜 꽃도 마찬가지입니다.

이렇게 생각하면, 우리가 '자연'에 놀러 가서 "참 좋다!" 하며 감탄할 때 그 대상이 되는 '자연'은 우리가 직관적으로 떠올리는 자연-인공 이분법상의 그 '자연'에 해당한다고 보기 어렵죠. 이 점은 자연의 산물로 여겨지는 농업 생산물에서 더 분명해집니다. 우리가 현재 먹는 쌀은 수많은 실험연구결과를 거쳐 여러 특성이 강화된 인공-자연물 벼에서 얻은 것입니다.

언젠가 저는 농업박물관에서 자연종 옥수수를 본 적이 있는데 채 손가락 굵기도 안 되는 아주 작은 크기였습니다. 아무리 자연농법을 강조하는 사람일지라도 이렇게 작은 자연종 옥수수를 심어야 한다고 주장하지는 않을 겁니다. 우리가 '자연'이라고 생각하는 것 대부분은 역사를 거슬러 올라가면, 즉 짧게 수백 년 길게 만 년 정도를 올라가 보면 전혀 존재하지 않던 것들입니다. 기존의 자연물에 인간의 개입이 더해져 만들어진 것이지요.

스스로 자自와 존재할 연然의 원래 의미에 충실한 '자연'은 이제 정말 희귀합니다. 그러니 우리는 과학이 다루는 '자연'에 대해 논의할 때 이런 희귀한 자연의 의미에 집착할 이유가 없습니다. 더욱이 현대 과학연구의 분명한 특징은 인간을 자연의 한 영역으로서 연구한다는 점입니다. 그러므로 이런 맥락에서는 인공-자연의 이분법보다 실험실에서 탐구하는 단일 인과관계와 복잡한 '자연'현상에서 관측되는 다양한 인과관계의 상호작용 사이에 어떤 차이가 있는지를 파악하는 일이 더 근본적입니다. 이 차이를 어떻게 극복하느냐가 실험연구를 통해 자연에 대한 지식을 축적하는 데 인식론적 근거를 만들어줍니다. 인공-자연의 차이점이 아니라 단일-복합 인과관계의 차이점에도 불구하고, 실험연구로 얻은 결과가 어떻게 새로 이해된 '자연'에 대한 지식일 수 있는지가 중요합니다.

6장

과학연구의 예술적 성격
: 숙련, 기예, 상상력

잠재적으로 존재하는 자연물

우리가 흔히 '자연'이라고 부르는 것들도 따져보면 진정한 의미에서 '인간과 무관하게 스스로 존재하는 것'이라고는 생각하기 어렵습니다. 그런 점에서 자연물과 인공물의 구별이 어려워지는 상황이 과학연구에서는 종종 발생합니다. 예를 들어, 주기율표에 배열된 '원소element'는 우주를 구성하는 근본 단위라고 할 수 있으므로 분명 자연물의 대표 사례입니다. 화학기호를 골치 아파하는 사람도 산소나 질소 같은 원자가 인간과 무관하게 '존재'하고 그 결합으로 만들어지는 산소 분자와 질소 분자가 우리가 숨 쉬는 공기의 주요 성분이라는 것 정도는 쉽게 납득합니다.

하지만 주기율표 뒤쪽으로 가면 상황이 좀 복잡해집니다. 특히 원자번호 100번 근처 원소들은 실험실에서 아주 잠깐(어떤 경우에는 100만분

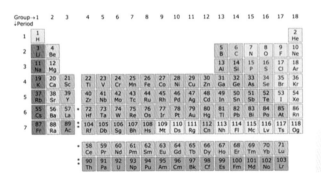

주기율표.

의 1초) '존재'했다가 사라지는(다른 원소로 변환되거나 분해되는) 것들입니다. 이런 '잠깐 존재하는 것'을 만들어내려면 엄청난 실험설비와 탁월한 실험 숙련도가 요구되지요.

그런데 이렇게 얻어낸 원소들은 자연물처럼 '발견된 것'일까요? 아니면 인공물처럼 '만들어진 것'일까요? 이 원소를 만들어내려 의식적으로 노력한 과학자들의 힘든 작업을 생각하면 '만들어진 것'처럼 보입니다. 하지만 이 원소가 어떤 성질을 갖는지는 과학 원리로 어느 정도 예측이 가능합니다. 게다가 우주 어딘가 극한 조건하에서는 이 원소들이 자연 발생하는 것이 논리적으로 불가능하지 않습니다. 그렇다면 이 원소들은, 좀 이상하게 들릴 수는 있지만, '잠재적으로 존재하는 자연물'이라고 보아야 할 것 같습니다. 즉 일반적으로 '자연스럽게' 존재하지는 않지만 과학 원리로 설명이 되는, 적당한 조건만 갖춰주면 만들 수 있는 것이라는 의미죠.

실제로 현대의 자연과학연구는 독자 여러분이 일상적으로 경험하는 실험실 밖 외부세계 그 자체보다는 이런 의미의 자연물, 곧 '잠재적으로 존재하는' 자연물을 이론적으로 탐구하거나, 실험실에서 탐구한다고 볼 수 있습니다.

과학의 재현가능성과 'TEA 레이저' 만들기

이렇게 '잠재적으로 존재하는' 것을 실제로 존재하게 만드는 실험연구의 특징을 좀 더 살펴볼까요? 실험연구에서는 실험을 수행하는 과학자가 체득한 능력이 상당히 중요하다고 말씀드렸는데요. 그 점을 생생히 보여주는 사례가 있습니다.

다음 사진은 'TEA 레이저Transversely Excited Atmospheric Pressure CO2 Laser'라는 것으로 요즘은 과학실험에서 널리 사용되는 장치인데, 1970년대에 개발되었습니다. 이 레이저는 제작 비용이 아주 싸지도 엄청나게 비싸지도 않습니다. 바로 그 점이 중요한 특징이죠.

값이 아주 싼 장치라면 어느 실험실에서나 손쉽게 만들거나 완제품을 사서 실험하면 그만입니다. 우리가 지금 이야기하려는 바, 곧 '실험연구자의 체득된 능력'과는 별 관련이 없죠. 동네 문방구에서도 쉽게 살 수 있는 실험용 안경은 누가 써도 같은 효과(실험 중에 눈을 보호하는)가 날 테니까요. 너무 비싼 장치라면 어떨까요? 극소수 실험실에서만 장치를 만들어볼 엄두를 낼 테니 연구자의 실험능력과는 별개의 문제가 있을 겁니다. 앞서 소개한 '보일의 진공펌프'처럼 너무 비싼 실험장치로 어떤 결과를 얻으면 그 결과를 검증하기가 대단히 어렵습니다.

현재도 아주 극한 조건의 소립자 실험을 위한 복잡한 장치는 유럽입자물리학연구소CERN를 포함해 극소수 연구소만 갖추고 있습니다. 결국 다른 연구소는 이런 특별한 장치를 구비한 연구소에서 수행된 연구를 독자적으로 검증할 기회조차 갖기 어렵죠. 동등한 성능의 실험 장치를 갖고 있지 못하니까요.

과학연구는 어디서 그 연구나 실험을 하든 같은 결과가 나와야 한다는 '재현가능성replicability'에 기초하고 있습니다. 실험결과에 재현가능성을 요구하는 것은 과학지식의 객관성 확보에 꼭 필요합니다. 하지만 재현가능성을 '실제로' 요구하려면 다양한 한계에 부닥칩니다.

우선 앞서 수행된 실험을 '재현'하는 데 비용이 너무 많이 들면 그 비용을 감당할 만한 실험팀만이 재현가능성을 직접 검증할 수 있습니다. 만약 그럴 여유가 없다면 발표된 실험결과를 일단 신뢰하고 후속 연구를 진행할 수밖에 없습니다. 내가 할 수 없는 연구를 다른 연구자가 열심히 노력해서 어떤 결과를 얻었다면, (그 연구자가 과학적으로 제대로 연구했다는 전제하에) 그 결과를 믿어야 합니다. 사실 과학지식이 상대적으로 빠르게 성장한 한 가지 이유는 동료 전문가가 판단한 결과를 일단 신뢰하고 다음 단계 연구를 수행하는 공동체적 실용주의 덕분입니다. 즉 모든 연구결과의 검증을 위해 재현가능성을 확보해야 한다는 원칙적 조건에도 불구하고, 실제로는 과학적으로 충분히 제대로 이루어진 실험연구라고 서로 믿어준다는 것이죠.

앞서 잠깐 언급했다시피, 제작 비용에 관한 한 'TEA 레이저'는 딱 중간이었습니다. 아무 실험실에서나 뚝딱 만들 수 없는, 상당한 노력

136

과학은 이것을 상상력이라고 한다

TEA 레이저.

이 요구되는 장비였지만 그렇다고 만드는 일이 너무 어렵거나 돈이 너무 많이 들어 대다수 연구실이 시도조차 하기 어려운 장비는 아니었던 겁니다. TEA 레이저를 처음 만든 연구팀이 1970년대 기준으로 수천 달러를 들였다고 하니 결코 저렴한 실험장치는 아니었습니다. 하지만 이 레이저가 실험에 매우 유용했기에, 돈은 좀 들지만 만들어보겠다고 나선 연구팀이 열 팀이 넘었다고 합니다. 이들 모두가 'TEA 레이저' 제작에 뛰어들었습니다.

요즘과 달리 그 시절의 과학자들은 특허권에 대한 집착이나 특허권을 지켜야 한다는 압력이 별로 없었습니다. 당시만 해도 과학지식은 '공유'되어야 한다는 베이컨적 이상이 널리 퍼져 있었죠. 그래서 TEA 레이저를 처음 만든 팀은 (자, 이 부분이 중요합니다!) '자기들이 생각하기에' 그 레이저를 만드는 데 충분한 모든 정보를 논문에 다 공개했습니다. TEA 레이저를 처음 만들었다는 '학술적 명예'를 얻는 데 만족하고 재정적 이득에는 별 관심을 두지 않았던 거죠.

이들은 TEA 레이저의 이론적 기초와 작동원리, 그로부터 얻을 수 있는 실험결과에서 드러난 특징을 기술한 논문은 물론, TEA 레이저를 어떻게 만들면 되는지 설명한 일종의 제작 매뉴얼에 해당하는 논문까지 따로 출판했습니다. 이 논문에 상세한 설계도, 제작 과정에서 사용한 재료 등이 다 나와 있었습니다. 이런 상황이라면 TEA 레이저를 만들려고 시도한 모든 연구팀이 제작에 성공했어야 마땅하지 않나요? 처음 만든 연구팀이 제작 방법을 숨긴 것도 아니고 너무 비싸서 못 만드는 것도 아닌 데다, 모든 연구팀이 관련 분야의 전문성을 가진 능력 있는 과학자들이었으니까요.

고등학교 시절에 풀던 수학 문제를 한번 떠올려보세요. 경시대회 수준의 어려운 문제라면 많은 사람이 아무리 시도해도 못 풀겠지만, 적당히 어려운 문제라면 상당히 많은 사람이 노력하면 풀 수 있잖아요. 아마 이와 유사한 상황 아닐까요? 또한 수학 문제와 마찬가지로 'TEA 레이저' 제작은 '정답이 있는' 문제였습니다. 처음 제작한 연구팀이 '문제 풀이'와 '정답'까지 모두 공개했고요. 당연히 모든 연구팀이 TEA 레이저 제작에 성공했을 것 같습니다.

그런데, 그렇지가 않았어요. 제작에 뛰어든 팀 중 절반 정도만 실제로 이 레이저 장치를 만들어낼 수 있었습니다. 다섯 팀은 성공하고 다섯 팀은 실패한 거죠. 왜 이런 일이 일어났을까요? 그 점을 이해하는 것이 지금 우리에게는 중요합니다. 이런 일이 과학연구 과정에서는 흔히 일어나기 때문입니다.

과학연구의 장인적 성격과 암묵지

과학사회학자 해리 콜린스Harry Collins, 1943~가 TEA 레이저를 만든 팀과 못 만든 팀의 차이점이 무엇인지를 조사했습니다. 그랬더니 처음에 레이저를 만든 팀과 직접적으로 접촉한 팀들만 성공을 거두었음을 알 수 있었습니다. 여기서 말하는 '직접적 접촉'이란 이런 겁니다.

자신들의 팀원 한 사람을 처음 레이저를 만든 팀에 보내 거기서 레이저를 한번 만들어보게 하거나 그 레이저로 실험을 해보게 합니다. 그다음에 그 팀원이 연수를 끝내고 돌아와 자기 연구팀 실험실에서 다른 사람들과 함께 레이저를 만들어보는 거죠. 이렇게 한 팀은 성공했어요. 또 다른 방법은, 처음 레이저를 만든 실험실에서 박사학위를 받은 사람을 박사후연구원으로 채용해 그 사람과 함께 레이저를 만드는 거죠. 이 팀도 성공했어요. 처음 레이저를 만든 팀이 귀찮아할 정도로 여러 번 가서 견학도 하고, 만들면서 수시로 전화로 물어보고, 계속 접촉한 팀도 성공했습니다.

그럼 실패한 팀은 어떻게 했는가. 순전히 출판된 원고와 논문만 가지고 거기 실린 설계도와 지침만 보고 레이저 장치를 따라 만들었습니다. 이런 팀들은 다 실패했어요. 그리고 가끔씩 전화나 걸어서 물어본 팀도 실패했지요. 한마디로 사람들끼리 교류하거나 실제로 같이 일을 해보지 않은 팀은 다 실패했다고 말할 수 있습니다.

제가 실험과학자들에게 이 이야기를 들려주면 하나같이 당연하다고 합니다. 상식적으로 생각하면 과학지식은 온전히 책과 논문에 있는 듯 보이는데 말이에요. 물론 거기에 과학지식의 중요한 부분이 있는 것은 사실입니다. 하지만 거기에 '다' 있을까요? 그렇지 않습니다. 언어나 수학으로 표현되기는 어렵지만 오랜 기간의 훈련으로만 체득할 수 있는, 그런 특별한 종류의 과학지식이 있습니다. 처음 레이저를 만든 팀과 직접적 접촉을 했던 팀들이 성공을 거둔 것은 그렇게 체득된 지식을 얻을 수 있었기 때문입니다. 그에 비해 순전히 언어화되고 수학화된 지식만으로 레이저를 만들려 했던 팀은 실패했던 것이고요.

물론 기술 수준이 낮은 실험장치라면 상세한 언어적·수학적 설명만으로도 충분히 다른 연구팀의 연구결과를 재현할 수 있습니다. 하지만 숙련도가 높은 연구, 특히 최첨단 연구일수록 오랫동안 쌓이고 체득된 지식이 결정적 역할을 하곤 합니다. 분야마다 다르겠지만 현재 과학연구의 각 분야에서 첨단 연구를 하는 연구팀들, 국제적으로 최신 연구성과를 내려고 경쟁하는 팀들은 그 수준에 미치지 못하는 연구팀이 미처 도달하지 못한 실험 숙련도를 갖춘 경우가 많습니다. 그 숙련도 차이를 시간으로 환산하면 무려 2~3년까지 벌어지기도 하죠.

이런 상황에서 실험연구의 후발주자가 앞선 연구팀을 따라잡는 일은 불가능에 가깝습니다. 열심히 노력해 그 정도 숙련도까지 올라가면 어느새 선발주자 팀의 숙련도는 더 올라가 있을 테니까요. 그래서 실제로 실험연구주제를 정하는 과정에서 과학자들은 연구주제가 될 만한 후보에 대해 어떤 팀이 현재 세계 정상 수준인지, 그에 비해 우리 실험팀의 숙련도는 어느 정도인지를 꼭 점검합니다. 아예 우리 실험팀이 상대적 우위를 갖고 있는 실험기법이 가장 잘 발휘될 수 있는 연구주제가 무엇인지를 찾기도 합니다. 이런 판단을 할 때 명백한 정답은

'암묵지'의 중요성을 강조한 과학철학자 마이클 폴
라니.

없습니다. 하지만 이런 판단을 '현명하게' 하는 연구자가 실험연구 리
더십을 잘 발휘하는 연구자라는 점은 분명합니다.

'TEA 레이저' 제작처럼 상당한 시간을 거치며 자연스레 연구자
의 몸에 체득되는, 그런데 언어화되기는 어려운 지식을 암묵지tacit
knowledge라고 합니다. 이 암묵지는 교과서나 논문에는 잘 언급되지 않
지만 현장 과학자들 사이에서는 그 중요성이 너무나 분명한 과학지식
입니다. 그런데 책으로만 과학을 이해한 사람들은 이 부분을 놓치기
쉽죠. 예를 들어 20세기 중엽까지 과학철학자들은 완성된 과학이론의
논리적 구조 분석에 치중했기에 이런 암묵지가 과학연구에서 차지하
는 중요한 인식론적 역할에는 주목하지 않았습니다.

헝가리 태생의 화학자로서 과학철학 연구에 크게 기여한 마이클 폴
라니Michael Polanyi, 1891~1976 같은 사람이 기존 과학철학의 문제점을

지적하며 암묵지의 중요성을 강조합니다. 이 지점에서 우리는, 너무나도 손쉽게 과학연구와 예술창작 과정의 공통점을 발견하게 됩니다. 두 작업 모두 '숙련' 또는 '기예' 의존성이 매우 높다는 점에서 말입니다.

과학과 예술의 공통점과 차이점

이 숙련과 기예는 몸으로 체득하는 것이기에 언어화하거나 명시적 지식으로 전달하기가 어렵습니다. 과학자가 실험장치를 제대로 작동하려고 동원하는 수많은 방법과 예술가가 만족스러운 작품을 얻고자 동원하는 수많은 방법은, 그 구체적 내용이야 다르겠지만 기능적 역할은 동일합니다. 양쪽 모두 각 활동이 추구하는 목적, 즉 믿을 만한 과학지식 생산과 훌륭한 예술작품 생산에 결정적 역할을 수행한다는 것이지요. 완성된 과학지식과 완성된 예술작품을 비교하면 공통점을 찾기가 쉽지 않습니다. 하지만 각각을 얻기 위해 노력하는 과학연구 과정과 예술창작 과정을 비교하면 공통점이 너무 많아, 과학연구와 예술창작이 근본적으로는 같은 활동 아닌가 하는 의심이 들 정도입니다.

어디 그뿐인가요. 과학과 예술의 공통점은 작업 과정에 국한되지 않습니다. 약간 추상적 수준에서 말하자면, 과학과 예술은 모두 '표상representation'을 추구합니다. 표상이란 다시re 제시한다present는 의미에서 파생된 개념입니다. 이에 입각하자면, 과학은 자연을 예술은 예술적 대상이나 이념을 '표상'합니다.

과학은 자연현상이나 TEA 레이저 같은 인공적 대상을 이론적으로 설명하거나 실험적으로 다시 구현해내며, 그런 의미에서 표상적 활동입니다. 마찬가지로 예술 역시 예술가가 직접 경험한 대상이나 자신이 표현하고자 하는 바를 다양한 매체로 새롭게 구현해낸다는 의미에서 표상적 활동이라 할 수 있습니다. 물론 이런 추상적 차원에서는 공통점이 있지만 구체적 표상의 형식이나 지향점에서는 상당한 차이가 있죠. 그래서 과학과 예술의 차이를 강조하는 사람들은 이런 구체적 차이에 주목하며 과학과 예술의 상호작용에는 근본적 한계가 있을 수밖에 없다고 주장합니다. 이제 그런 주장을 검토해보기로 하죠.

과학과 예술의 공통점을 두고 이런저런 이야기를 했지만, 직관적으로는 두 분야의 차이점이 더 두드러져 보이는 것이 사실입니다. 전형적인 문화적 이미지 수준에서 봐도 자연대생과 미대생·음대생은 확연히 차이가 납니다. 사실 대학에서 강의하다 보면 예술 하는 사람들의 자유분방함과 과학 하는 사람들의 꼼꼼함이라는 전형적 이미지에 잘 들어맞는 학생들을 많이 봅니다. 그렇지만 이 전형적 이미지가 실제 현실을 얼마나 참되게 반영하는가? 바로 이 점을 지금부터 확인해보겠습니다.

과학과 예술을 대비하는 전형적 이미지 몇 가지가 우리에게 있습니다. 우선 과학은 이성을 사용해서 분석하고 판단하는 반면 예술은 이성적으로는 따지지 않고 상상력만 발휘한다는 생각입니다. 예술은 옳고 그름을 따지지 않고 재치 있게 상식을 비튼다든지 의외의 무언가를 만들어낼 때 훨씬 높은 평가를 받는다는 거죠.

이성과 상상력의 대비 이외에도 과학과 예술이 다루는 대상 자체가 다르다는 지적도 있습니다. 예술은 없는 것을 만들어내는 데 비해 과학은 실제 있는 것을 다루는 학문이란 거죠. 또한 예술은 전체적으로 조망하는 데 비해 과학은 분석적으로 나누어 이해하려 한다고 대비하기도 합니다. 예컨대 예술가들은 번뜩이는 영감으로 갑작스럽게 감동적인 작품을 완성하는 데 비해 과학자들은 차근차근 연구 대상을 분석적으로 파악해 전체에 대한 이해에 도달하고자 한다는 겁니다.

토머스 쿤조차 과학과 예술을 '대비'했는데, 그는 약간 더 복잡한 방식으로 설명하죠. 과학과 예술 모두 표상을 사용한다는 점에서는 같지만 과학에서 표상은 자연에 대한 참된 이해에 도달하기 위한 수단인 데 반해 예술은 훌륭한 표상 자체가 목적이라고요. 그래서 과학에서는 항상 새로운 이론을 추구하기에 과거의 '잘못된' 이론은 까마득히 잊히는 반면 예술에서는 옛 작품, 즉 과거의 표상들도 여전히 훌륭한 예술로 인정받는다는 겁니다.

과학과 예술에 대한 이 같은 전형적 대비가 왜 적절하지 않은가는 앞선 논의로 이미 설명했습니다. 과학에서 상상력은 예술에서 그렇듯 똑같이 중요합니다. 물론 예술과 달리 수렴적 상상력이 발산적 상상력만큼이나 중요하다는 점에서는 차이가 날 수 있습니다. 하지만 예술가들도 새로운 스타일을 창조하는 능력만큼이나 축적된 예술적 기법을 익히는, 즉 수렴적 상상력의 활용 기법을 익히는 데 상당한 시간을 투자합니다.

이성 대 상상력 대비만큼이나 자연 대 인공물의 대비 역시 과학과 예술의 차이점을 규정하는 데 적합하지 않은데요, 이 점 역시 제가 앞

과학은 이것을 상상력이라고 한다

에서 실험연구의 특징을 설명할 때 이미 분명하게 드러났으리라 생각합니다. '잠재적으로 존재하는 자연물'은 많은 경우 인공물과 존재론적으로 연속적 스펙트럼에 놓여 있습니다. 예술 또한 자연물 자체를 예술의 재료로 활용하는 경우가 있으니 이 대비 역시 적절하지 않습니다.

마지막으로 과학연구에서 영감이 차지하는 비중은 결코 작지 않습니다. 물론 과학에서는 영감을 통해 얻은 결과를 분석적 방법으로 '검증'해야 하는 절차가 추가됩니다. 하지만 그렇게 따지고 들자면 예술 창작 과정도 마찬가지입니다. 작품에 관한 영감이 떠오른 다음에도 대다수의 예술가는 그 영감을 실제 작품으로 구현하고자 어떤 재료를 어떤 방식으로 다룰지를 놓고 상당히 분석적인 사고를 해나갑니다.

과학과 예술은 당연히 상당한 차이가 있습니다. 하지만 그 차이점이 과학과 예술에 대한 전형적 대비를 정당화할 만큼 깊고 본질적이라 보기는 어렵습니다. 적어도 과학의 '예술적 성격'을 말하는 것이 하나도 이상하지 않을 만큼 과학과 예술은 구체적 작업이나 최종 결과물에서 상당한 공통점을 갖는다고 말할 수 있습니다.

예술가의 계획과 시행착오

과학과 예술을 이렇게 대립적으로 보기 시작한 지는 그리 오래되지 않았습니다. 19세기 낭만주의 예술 사조가 널리 퍼지기 전까지만 해도 과학과 예술 모두 '이성'과 '상상력'을 함께 활용하는 활동이라고 생각했지요. 즉흥적 영감과 전일적 이해를 강조한 낭만주의자들조차 19세기 초까지는 당시 과학이 보여주는 새로운 세계의 전망에 열광하고 경이로워했습니다. 콜러지, 바이런, 키츠, 셸리 등 당시 낭만주의 시인들은 프리스틀리의 화학 실험에 열광하거나 허셜의 천왕성 발견을 지켜보며 우리 은하계 바깥에 존재하는 또 다른 별무리를 기대해보기도 했습니다.

일단 과학과 예술의 극단적 대비가 19세기 중반 이후의 산물이라는 점을 인정하더라도, 21세기 현재 시점에서 앞서 지적한 자유분방한 예술가와 꼼꼼한 과학자의 문화적 대비는 부정할 수 없어 보입니다. 하지만 이 부분에서 잠깐 조심스러울 필요가 있습니다. 앞선 논의를 통해 우리는 과학연구에 수많은 선택의 순간이 있으며 그 선택을 현명하게 수행하려면 상상력과 이성적 분석을 성공적으로 결합해야 한다는 점을 알았습니다. 그런데 바로 이 점이 과학연구의 최종 결과물로서 출판된 논문에는 드러나지 않기에 사람들은 과학이 순수한 분석적 판단만을 요구하는 무미건조한 지적 게임이라고 생각하기 쉽습니다.

그런데 혹시 예술작품에서도 비슷한 상황이 벌어지고 있지는 않을까요? 최종적으로 완성되어 감상자에게 제시된 예술작품에서는 그 예술작품을 만들기 위해 예술가들이 거쳐야 했던 수많은 시행착오나 이성적 고민의 흔적을 찾기 어렵습니다. 게다가 예술가들이 자신의 작품을 어떻게 만들었는지 회상할 때면 어느 날 갑자기 영감이 떠올라 미친 듯 작업해 작품을 완성시켰다는 식으로 말하는 경우가 많습니다. 하지만 정작 그 예술가들이 작업 과정에서 남긴 여러 '흔적'을 살펴보

자신의 그림 〈투우사〉 앞에 있는 피카소(1912).

면, 예컨대 즉흥성의 대가였던 피카소Pablo Picasso, 1881~1973조차 엄청나게 꼼꼼한 계획을 세우고 그 계획을 실행하는 과정에서 수차례 수정을 거듭하며 작업을 진행했음을 알 수 있지요.

예술가들의 자기 회고와 실제 작업 과정이 일치하지 않는 겁니다. 이는 과학자들이 자신의 연구 과정을 마치 교과서 내용처럼 합리적으로 묘사하려는 경향이 있는 것과 정반대 방식으로 유사합니다. 사실은 수많은 요인으로부터 과학연구 과정이 영향을 받았음에도 불구하고, 그 연구결과를 제시할 때는 '과학적으로 의미 있는' 부분만 사후적으로 추려내 '재구성한' 이야기를 내놓는 것입니다.

최근 엑스선 분석 기법의 발전으로 과거 대가들이 작품을 완성하는 과정에서 얼마나 많은 수정을 거쳤는지 그 '흔적'을 자세히 알 수 있게 되었는데요. 놀랍게도 어떤 박물관의 소장품을 조사하든 전형적 예술가의 이미지에 딱 들어맞는 방식, 즉 화가가 영감을 받아 순식간에 수정 없이 작품을 완성한 그림의 비율은 매우 낮은 것으로 나타났습니다. 아주 유명한 그림 중에서도 자질구레한 수정 정도가 아니라 작품의 구도 전체를 여러 번 바꾼 경우도 흔합니다. 다시 말해 대가들조차 (천재 과학자들과 정확히 똑같이) 자신의 그림을 엄청나게 많은 수정 작업으로 보완하며 완성해나갔다는 것이지요. 이처럼 실제 예술 활동도 과학연구만큼이나 의식적 계획과 끊임없는 수정 과정을 겪습니다.

7장

피카소의 예술과
코페르니쿠스의 과학

과학과 예술의 아름다움은 다른가

지난 장에서 우리는 흔히 과학과 예술의 뚜렷한 차이점이라고 여겨지는 특징들이 실제 과학연구 과정과 예술창작 과정을 자세히 들여다보면 그다지 분명하게 확인되지는 않는다는 점을 살펴보았습니다. 예술만큼이나 과학도 '잠재적으로 존재하는' 것을 '실제로 존재하게 만드는' 방식을 활용해 작업이 이루어집니다. 그렇게 잠재성을 현실성으로 바꾸는 작업에서는 예술만큼이나 과학도 엄청난 '기예 의존성'이 요구되지요. 또한 예술가도 과학자만큼이나 작품을 구상하고 완성하는 과정에서 다양한 제약에 직면합니다.

화가 마티스는 작품 제작 과정에서 "각 부분의 합리적 관계를 발견하는 그런 순간이 있고 그다음부터는 그림 전체를 다시 시작하지 않고서는 붓 자국 하나도 추가할 수 없다"라고 말했습니다. 이처럼 산출

151

물 차원에서는 전혀 다르게 보이는 과학과 예술이 실제 연구와 창작 과정에서는 유사점이 많습니다.

이러한 유사점은 '아름다움'을 추구하는 데서도 나타납니다. 물론 여기서도 과학자들이 아름답다고 지칭하는 대상과 예술가들이 아름답다고 지칭하는 대상 사이에는 직관적으로 상당한 차이가 있습니다. 예를 들어 'DNA의 이중나선 구조'는 유전학자들이 "아름답다"라고 말하는 대상입니다. DNA의 이중나선 구조에서 과학자들이 보는 '아름다움'은, 우리가 미술관에 가서 압도적으로 잘 그린 작품(예컨대 크리벨리의 명화)을 보고 느끼는 '아름다움'과는 의미가 사뭇 다릅니다.

과학자들은 어떻게 이렇게 간단한 구조, 화학적으로 그리 복잡하지 않은 물질이 이중나선으로 꼬인 방식으로 생명체를 만들어내는 유전 정보를 저장할 수 있는가에 우선 감탄합니다. 매우 복잡한 개체를 만드는 데 어떻게 저토록 단순한 구조로 충분할 수 있는지 놀라워하는 거죠. 그리고 이런 일이 화학적으로 생물학적으로 가능함을 관련 과학 원리를 밝혀냄으로써 이해하고 나면, 그제야 유전물질의 이중나선 구조가 '아름답다'라고 느끼는 겁니다. 결국 과학자들이 아름답다고 말하는 대상은 그 대상을 과학적으로 연구함으로써 얻은 통찰력, 즉 굉장히 복잡한 현상을 관통하는 어떤 단순한 원리를 파악하고 그 원리를 비교적 단순한 방식으로 표상할 수 있을 때 얻게 되는 과학적 이해, 바로 그것이 아름답다고 평가하는 겁니다.

이런 '아름다움'을 느끼려면 상당한 정도의 지적 연습이 필요합니다. 관련된 과학 원리를 이해하지 못하거나 복잡한 현상을 간단한 원

DNA의 이중나선 구조와 이탈리아 화가 카를로 크리벨리의 제단화 〈론던의 성모〉(1490, 런던 내셔널갤러리 소장).

리로 설명하는 일의 '쾌감'을 느끼지 못한다면 과학적 '아름다움'을 감상하기란 어려울 테니까요. '그래. 무슨 말인지 알겠다. 하지만 너무 이상한 방식으로 아름답다는 말을 쓴 것 아닌가' 하는 생각도 들 수 있습니다. 과학자들이 말하는 아름다움은 우리가 이탈리아 성화나 인상파 화가들의 그림에서 느끼는 아름다움과는 상당히 다른 종류의 아름다움이 아니냐 하는 반문이 나올 수 있지요. 그런데 정말 그럴까요?

그것은 '왜' 아름다운가

예술적 경험, 특히 아름다움에 대한 '예술적 경험'이란 분명 모든 이에게 내재된 기초적 능력이라 할 수 있습니다. 단적으로 시각정보 처리가 불가능한 사람이 그림을 보고 아름답다고 느끼기는 어렵지요.

하지만 똑같은 그림을 보고도 어떤 문화적 배경에 익숙한가에 따라 '아름답다'라는 평가는 상당히 달라질 수 있습니다.

현재는 각종 미술품 경매 시장에서 매번 최고가를 경신할 정도로 인기 있는 인상파 회화는 처음 등장했을 때는 비평가와 일반 감상자 모두에게 '추하다'라며 외면을 받았죠. 모네Claude Monet, 1840~1926의 그림에 열광하는 현대인도, 명암 대비가 완벽하고 강렬한 내러티브가 있는 고전주의 그림에 익숙했던 당시의 미술문화 배경에서 보면 인상파 그림이 거칠고 지나친 파격으로 보일 수 있겠다며 어느 정도 납득할 수 있을 겁니다.

그러므로 우리가 인상파 회화에 감탄하게 된 것은 적어도 부분적으로는 인상주의를 훌륭한 예술의 한 경향으로 인정하는 문화가 사회 내에 이미 형성되어 있고 우리 대부분이 초중등 교육을 통해 그 문화를 상당 부분 내재화했기 때문입니다. 간단히 말하면, 인상파 회화에서 우리가 보는 '아름다움'도 그것이 왜 '아름다운지'를 다양한 문화적·교육적 경험을 통해 '이해'함으로써 느끼게 될 수 있었다는 겁니다.

이 점은 별다른 배경지식 없이 그냥 봐도 '잘 그렸다!' 하는 느낌이 드는, 앞서 제시한 카를로 크리벨리의 성모 마리아 그림에도 똑같이 적용됩니다. 이 그림은 영국 런던의 내셔널갤러리 세인스버리 별관에 소장되어 있는데, 이 그림 앞에 서면 누구나 그 색채의 화려함과 표현의 섬세함에 압도되고 맙니다.

이 그림을 누가 그렸는지, 어떤 메시지를 담은 그림인지에 대해 전혀 몰라도 '정말 잘 만들어진 예술품'이 주는 시각적 즐거움을 느낄

모네의 〈런던 채링크로스 다리〉(1899~1901).

수 있지요. 아마도 이런 의미에서 애덤 스미스Adam Smith, 1729~1790를 포함한 근대 미학자들이 예술품 자체만이 아니라 가구나 건축물처럼 사람이 만들어낸 인공적 산물의 '잘 만들어짐'이라는 속성이 갖는 미적 가치를 강조했던 것 같습니다. 그런데 이 그림에서 왼쪽에 등장하는 사람이 라틴어로 성경을 맨 처음 번역한 성인聖人 제롬이고 그가 손가락으로 바티칸 교회의 모형을 가리키는 것은 성 제롬이 가톨릭교회를 수호한다는 상징이라는 점을 알고 나면 이 작품을 더 풍부하게 감상할 수 있게 됩니다.

일반적으로 르네상스 회화에는 수많은 상징과 알레고리가 등장합니다. 맥락에 맞지 않게 공작이 등장하면 대개 '불멸'을 상징하는 식이죠. 공작 고기가 썩지 않는다는 대중적 믿음이 있었기 때문이라고 합니다. 이런 내용을 '이해'하고 보면 그러지 못한 채 봤을 때보다 그림의 '아름다움'이 훨씬 더 빛을 발하는 느낌을 받습니다. 크리벨리의 작품처럼 시각적 이미지가 무엇을 나타내는지 비교적 쉽게 떠올릴 수 있는 작품도 이처럼 '이해'의 차원이 아름다움을 감상하는 데 중요한데 현대미술의 비구상 작품은 말할 것도 없겠지요. 현대미술에서는 그 '이해'의 중요성이 더 커집니다. 저는 개인적으로 잭슨 폴록Jackson Pollock, 1912~1956의 그림에서 이 점을 생생히 체험했습니다.

20대에 배낭여행을 하면서 유럽 어느 도시의 현대미술관에서 잭슨 폴록의 그림을 처음 봤는데, 그때는 '이게 뭐야!'라는 느낌밖에 없었습니다. 페인트를 마구 던져놓은 것 같았죠. 그림을 제대로 그렸다기보다는 페인트를 장난치듯 뿌리는 행위 자체에 의미를 부여한 예술작품이라고 나름 엉터리 해석을 해보기도 했죠. 어쨌거나 아름답다는 생각은 전혀 들지 않았고, 그저 요즘은 별 게 다 예술이 되는구나 하고 생각했습니다.

그런데 나중에 보니 이런 그림을 아름답다고 평가하는 사람들이 꽤 있더군요. 예술적 가치를 전문적으로 탐색하는 비평가만이 아니라 필자가 평소 존경하던 여러 학문 분야의 저자들 중에서 폴록의 그림이 아름답다며 극찬하는 사람을 여럿 발견하게 되었습니다. 호기심이 생겼지요. 그래서 폴록이 어떤 방식으로 작업을 했는지, 폴록이 자신의 그림을 통해 추구했던 예술적 지향점이 무엇이었는지, 폴록의 그림이 다른 예술가들에게는 어떤 영향을 끼쳤는지 등을 공부했습니다. 즉흥적으로 마구 그렸다고 느꼈던 폴록의 그림이 실은 과학자들이 정밀한 계획에 따라 실험을 수행하듯 치밀한 준비에 따라 수행된 작업의 결과라는 점을 이해하게 되었죠.

잭슨 폴록의
〈Convergen
-ce〉(1952).

  그리고 저도 나이 들어가면서 삶의 복잡다단한 측면을 조금은 더
자연스럽게 바라보게 되었고, 언제부터인가 정말로 (이런 그림도 감상할
수 있다며 젠체하려고 짐짓 꾸미는 것이 아니라) 폴록 그림이 '아름답게' 느껴
졌습니다. 요즘은 기회가 되면 폴록의 그림 앞에 한동안 서서 하염없
이 그 그림을 바라보는 제 자신을 발견하기도 합니다. 저 스스로도 신
기할 정도입니다. 저도 나름의 방식으로 폴록의 그림에서 나오는 '아
름다움'을 이해하게 된 거라고 짐작합니다.
  제가 개인적으로 폴록 그림의 '아름다움'을 경험하고 이해한 내용이
폴록 전문가들의 이해와 경험에는 당연히 미치지 못할 겁니다. 중요한
건 예술적 미의 경험 역시 과학적 미의 경험과 마찬가지로 최종 산물
에 담긴 메시지나 그 메시지의 의미에 대한 이해가 핵심적 영향을 끼
친다는 점이죠. 20세기 이후 현대예술이 예술작품 자체의 직관적이고
시각적인 아름다움보다는 예술적 본원에 대한 탐구나 예술작품을 통

157

해 전달하려는 메시지에만 지나치게 집중한다는 평가가 있습니다.

이 과정에서 예술을 감상하는 일반인과 예술을 직접 제작하는 예술가들 사이에 의견 차이가 큰 것 같습니다. 다소 논쟁적인 주제여서 이 의견 차이 자체에 대해서는 논의하지 않겠습니다. 다만 재미있는 사실이 하나 있습니다. 지나치게 추상화되고 수학화된 현대과학을 두고도 유사한 의견 차이가 있다는 점이죠. 지극히 추상적이고 수학적인 방식으로 세계를 이해하는 이론물리학자들 사이에, 그 이해의 핵심은 일반인도 이해할 수 있을 정도로 간단하고 명료하게 표현될 수 있어야 한다는 입장과 현대물리학이 추구하는 이론적 설명은 너무 어려워 오랜 기간 충분한 훈련을 받지 않은 일반인이 이해하기란 애초 불가능하기에 그것을 요구하는 것 자체가 불합리하다는 입장이 대립합니다.

이 대립은 당연히 과학적 '아름다움'을 얼마나 많은 사람이 향유할 수 있는가를 놓고도 성립하지 않을까요? 과학적 아름다움과 예술적 아름다움을 충분히 감상하는 데는 어느 정도의 배경지식과 전문성이 요구되는가? 이에 대해서는 각자 의견이 다를 수 있습니다. 하지만 한 가지 분명한 것은 두 분야의 아름다움 모두 감각적 유쾌함을 넘어서는 통찰력, 원리적 이해와 연관된다는 사실입니다.

피카소를 만들어낸 '창의성'의 근원

과학과 예술에서 아름다움을 만들어내는 능력, 즉 과학에서 어떤 이론을 생각해내거나 힘든 실험을 완수하는 능력과 예술에서 아름다운 예술작품을 만들어내는 능력을 '창의성'이라고 할 때, 그 두 창의성이 우리가 보통 생각하는 것처럼 그렇게 다르지는 않습니다. 물론 '생각만큼 다르지 않다'라는 것은 당연히 다르다는 것을 의미합니다.

예를 들어 예술에서 창의성을 말할 때는 일단 '새로운 것인가' 하는 점이 정말 중요해 보입니다. 예술에 전문성을 가진 사람이 아니더라도 예술작품을 자주 감상하다 보면 몇몇 유명 작가의 작품은 독특한 스타일 덕분에 비교적 쉽게 알아볼 수 있습니다. 적어도 미술 교과서에 나오는 익숙한 작가의 그림이나 조각은 강렬한 개성이 기억에 남아 그 작가의 다른 작품에서도 뚜렷한 개성을 확인할 수 있게 되는 거죠.

이런 점 때문인지 예술가들은 자기 작품이 다른 작가의 것과 비슷한 느낌이 들지 않도록 하고자, 자신만의 독특한 스타일을 찾고자 엄청난 노력을 쏟아 붓습니다. 누구나 알아볼 수 있는 고유 스타일을 창안하지 못하면 예술계에서는 대가가 되기 어려우니까요. 그런 의미에서 예술적 창의성에서는 '새로움'이나 '유니크함'이 매우 큰 비중을 차지하는 것 같습니다.

대표적 예가 피카소입니다. 피카소는 어렸을 때도 그림을 정말 잘 그려서, 그림천재 소리를 들었다고 하죠. 반면 피카소가 자신만의 스타일을 완성한 후 그린 전형적인 입체파 그림을 보면 '저런 그림은 나도 그리겠다' 하는 생각을 가질 법도 합니다. 왠지 어린아이가 장난 친 것 같은 그림이니까요. 그런 그림이 어마어마한 가격에 팔리다니 신기하다는 생각도 들 수 있습니다. 그런데 정작 어린 시절의 피카소는 "벨라스케스처럼 그릴 수 있었다"라고 자화자찬하듯 정말 '잘' 그렸습

니다. 벨라스케스Diego Velázquez, 1599~1660는 굉장히 유명한 에스파냐 화가인데, 피카소가 나중에 그의 그림을 모티브 삼아 여러 작품을 제작할 정도로 피카소에게 큰 인상을 남긴 인물입니다.

〈첫 성찬〉은 바로 피카소가 10대 초반에 그린 것인데, 비전문가가 봐도 '잘 그린' 그림입니다. 실제로 비평가들도 이 시기의 피카소 그림이 테크닉 면에서 상당히 훌륭하다고 평가합니다. 하지만 이 그림을 보고 피카소가 그렸다고 단번에 알 수 있는 사람이 얼마나 될까요? 관련 연구를 수행하는 미술사가 말고는 거의 없을 겁니다.

평범하니까요. 그저 '잘 그린' 평범한 그림이죠. 어린 나이에 이미 저런 그림을 그린 피카소는 '신동' 소리는 들을 수 있었지만 미술계를 뒤흔들 만한 '창의성'을 보여준 사람은 못 됐습니다. 미술계를 뒤흔들 만한 화가이려면 누구나 단번에 인식할 수 있고 그 가치를 인정할 수 있는 자기만의 특별한 스타일이 있어야 하는데, 마드리드에서 공부하던 시절의 피카소에게는 그 부분이 부족했던 거죠. 그래서 피카소는 당시 예술의 중심지인 파리로 가서 다른 유명 화가들을 '모방'하기 시작합니다. 물론 정말로 똑같이 그리는 건 아니고, 당시 대가들의 스타일을 한 사람씩 철저히 학습해 자신의 것으로 만든 후, 다음 '모방'의 대상으로 넘어가는 식이었죠.

이런 방식으로 피카소는 당대의 거장들을 한 사람씩 넘어섰고 그런 후에야 비로소 현재 우리가 '피카소 스타일'이라고 손쉽게 인지하는 자신만의 특별한 스타일을 찾게 됩니다. 오랜 모방과 극복의 과정을 통해 도달한 독특함이었기에 이 새로운 양식은 순식간에 다른 화가들의 모방 대상이 됩니다. 이젠 다른 화가들이 피카소를 따라 하기 시작합니다.

피카소처럼 '즉흥적으로' 예술작품을 창작하는 작가로 유명한 사람조차 그렇게 물 흐르듯 자연스럽게 작품을 창작하기 위해서는, 자신만의 스타일을 완성하기 위해서는, 선배 작가의 작품을 연구하고 따라 그려보는 등 그것을 넘어서고자 노력하는 과정이 필요했던 겁니다. 이런 과정은 코페르니쿠스가 자신의 과학적 창의성을 발휘하는 과정과 본질적으로 큰 차이가 없어 보입니다. 코페르니쿠스가 당대의 표준 천문학인 프톨레마이오스 천문학에 완전히 숙달된 이후에야 그 한계를 직시하고 새로운 천문학을 제시할 수 있었던 것을 떠올려보세요. 결국 과학과 예술 모두 창의성의 근원에는 자신보다 앞서 존재했던 전통과 당대 최고 수준의 지식 및 작품에 대한 깊은 이해와 이를 극복

161

하려는 노력이 함께 있습니다.

과학은 종합예술, 통찰력과 상상력도 필요하다

예술과 과학의 창의성에 아무런 차이가 없이 똑같다는 말은 아닙니다. 과학적 창의성은 앞선 이론과 달라야 할 뿐 아니라 앞선 이론의 경험적·설명적 한계를 과학자 공동체가 납득할 수 있는 방식으로 극복해야 합니다. 물론 피카소처럼 예술적 전환점을 성취한 화가 역시 자신의 스타일이 기존 화풍과 단순히 다르기만 한 것이 아니라 어떤 점에서는 더 낫다는 점을 설득해낼 수 있어야 합니다. 하지만 예술에 비해 과학은 이 설득 과정이 요구하는 조건이 좀 더 구체적이고 제한적입니다.

간단히 말해 관측 결과를 경험적으로 설명할 수 있어야 하지요. 더 나아가 이론적으로 만족스러운 '과학적 이해'를 제공해줄 수 있어야 합니다. 코페르니쿠스의 태양중심설은 첫째 조건만을 만족시켰죠. 둘째 조건은 뉴턴 역학이 등장하고 나서야 만족될 수 있었습니다. 이런 방식의 경험적·이론적 엄밀성은 그런 가치가 상대적으로 덜 존중되는 예술에서는 기대하기 어렵습니다.

그럼에도 불구하고 과학적 작업과 예술적 작업 모두 '이성과 상상력의 결합'을 통해서만 성공적인 결과를 이뤄낸다는 점에서는 공통점이 있습니다. 앞서 제가 언급한 마티스의 견해를 떠올려보세요. 마티스H. Matisse, 1869~1954에 따르면 예술가의 작업은 (적어도 마티스식으로 작

'페르마의 마지막 정리'가 주석으로 달려 있는 디오
판토스의 《산술》.

업하는 예술가의 작업은) 마치 수학자가 '페르마의 마지막 정리'같이 어려운 수학 문제를 푸는 방식과 유사해 보입니다.

수학자들이 문제를 해결하는 과정에서 어떤 방식으로 문제를 설정할지, 어떤 방향에서 풀이를 시도해볼지 감조차 잡을 수 없는 단계가 분명 있습니다. 하지만 이 단계를 지나 어느 정도 문제 풀이의 전체 구도가 잡히고 나면 그다음부터는 수학자가 취할 수 있는 선택지의 폭이 점점 줄어듭니다. 논리적 정합성과 증명의 엄밀성이라는 수학연구의 인식론적 가치를 만족시키는 방식으로 연구가 이루어져야 하기 때문입니다. 이런 특징은 수학만이 아니라 과학의 실험연구와 이론연구 모두에서 일반적으로 발견되는 특징입니다.

과학이 굉장히 구체적인 활동이라는 측면에서 예술과 공통점을 갖는다는 사실을 직시하면, 과학연구나 공학연구를 훨씬 더 열린 마음으로 바라볼 수 있습니다. 그러나 요즘 인문학이 강조되고 예술과 과학의 만남이 강조되는 것은 어떤 면에서는 피상적 느낌을 주기도 합니다. '과학자들이 《논어》를 읽고 플라톤을 공부하면 더 교양 있는 과학자가 되지 않을까?' '예술가들이 과학지식이나 기술적 가능성을 활용하면 더 새롭고 특이한 예술작품을 만들 수 있지 않을까?' 이런 시도가 의미 없지는 않겠지만, 예술과 과학 사이의 접점은 더 근본적인 수준에서 존재한다는 점을 인식하는 게 중요합니다.

실제로 과학연구가 이루어지는 방식을 잘 살펴보면 과학연구의 전문 분야 내에서 익혀야 하는 분석적·이성적 사고도 중요하지만, 몸으로 체득해야 하는 암묵지도 결정적으로 중요하거든요. 또한 연구 단계마다 통찰력과 상상력을 발휘할 여지도 많습니다. 과학연구 과정이 실제로는 예술 활동만큼이나 엄청나게 복합적이고 종합적인 활동이라는 이야기죠.

이 점을 깨닫게 되면 좋은 과학연구를 위해 좁은 의미의 과학적 전문성을 넘어서서 다른 분야의 시각이나 문제 풀이 방식을 경험하는 일이 필요하겠다는 생각이 들게 됩니다. 막연한 교양 쌓기 정도가 아니라 과학연구에 직간접적으로 도움을 줄 수 있는 초학제적 경험이 갖는 의의를 말하는 겁니다. 이에 관해서는 다음 장에서, 과학과 기술의 창의성이 눈부시게 발휘된 실제 사례를 들어가며 더 깊이 탐색해보겠습니다.

뉴턴,
과학방법론을 바꿔버린 천재

재능적 천재성과 결과적 천재성

과학과 예술은 모두 '전설적 천재'에 관한 이야기가 널리 퍼져 있는 영역입니다. 이를테면 어린 시절부터 탁월한 수학적 능력을 보여준 천재 과학자라든지 누구나 분명히 인정할 만한 예술성을 발산했던 천재 예술가의 존재를 당연시하죠. 그렇게 천재성을 타고난 사람들이니 이들 과학자나 예술가는 해당 분야에서 혁신적 상상력을 발휘해 창의적 성과를 낼 테고 그러다 보면 유명해져 결국 현재의 우리에게도 익숙한 과학자와 예술가가 된 것이겠죠?

정말 그런지 한번 따져볼까요? 이 문제를 따져보려면 '천재성'에 대한 개념 분석이 선행되어야 합니다. 왜냐하면 우리가 '천재적'이라는 형용사를 쓸 때 두 가지 의미가 혼용될 때가 많기 때문입니다. 일단 '천재적'이라는 표현은 개인의 능력이 탁월하다는 의미로 쓰입니다.

그리고 이런 의미의 천재성은 '타고난 능력'으로 여겨집니다. "머리가 좋다" "타고난 천재다!" 같은 평가가 여기 해당하지요. 이런 의미로 천재적인 사람이, 비록 몇 안 되기는 해도 분명 존재한다는 점을 짚고 넘어갈 필요가 있습니다. 일곱 자리 곱셈을 순식간에 해내는 사람이나 처음 배우는 외국어를 단기간에 유창하게 구사하는 사람들이 정말 있거든요. 그들에게 '천재적'이라는 형용사를 쓰는 데는 논란의 여지가 없어 보입니다. 이런 의미의 천재성을 '재능적 천재성'이라 부르기로 하죠.

그런데 중요한 사실은 우리가 '천재적'이라는 수식어를, 특히 과학연구의 맥락에서는 약간 다른 의미로도 쓴다는 겁니다. 예를 들어 뉴턴Isaac Newton, 1643~1727의 만유인력 법칙law of universal gravity에서 '천재성'이 번뜩인다고 말하거나 만유인력으로 우주 만물의 운동을 설명해 낸 뉴턴의 과학적 탁월함이 '천재적'이라고 평가할 때가 그렇습니다.

이때 '천재성'이나 '천재적'이라는 말은 특정 과학연구의 결과물이 후대에 끼친 영향이 굉장히 크고 위대하다는 뜻이지요. 과학자들이 뉴턴이나 아인슈타인의 이론이 "천재적이다"라고 말할 때는 바로 그런 의미를 담고 있는 것입니다. 이것은 '결과적 천재성'이라고 부르겠습니다.

이제 두 가지 개념을 가지고 우리의 질문을 좀 더 정교한 형태로 제시해보죠. 실제 과학의 역사에 비추어 볼 때 '재능적 천재성'을 가진 사람들이 항상 '결과적 천재성'을 발휘해 후대에 큰 영향을 준 연구결과를 산출했을까요? 간단히 대답하자면 답은 "아니요"입니다. 재능적

아이작 뉴턴의 초상화.

천재성을 보였던 사람들이 과학자로 성장하는 과정에서 다른 사람보다 두각을 나타낸 것은 분명한 사실입니다. 하지만 재능적 천재성을 가진 사람들이 후대에 지대한 영향을 끼친 과학적 업적을 항상 산출했던 것은 아닙니다.

그렇다면 그 역은 어떨까요? 결과적 천재성이 번뜩이는 연구를 수행한 과학자들은 모두 재능적 의미에서도 천재였을까요? 그 대답 역시 "아니요"입니다. 과학사에서 우리가 혁명적 연구를 수행한 과학자로 평가하는 과학자들은 당연히 상당히 '똑똑한' 사람들이긴 했습니다. 하지만 그 대다수는 재능적 천재성을 타고난 사람들은 아니었어요. 이 점은 뉴턴과 아인슈타인이라는 구체적 사례를 통해 살펴볼 텐데, 그 전에 먼저 천재와 창의성에 대한 수많은 경험적 연구로 이미 잘 알려진 통계적 사실을 하나 소개할까 합니다.

169

흔히 재능적 천재성은 높은 IQ로 측정할 수 있다고 여깁니다. 이런 가정 자체, 즉 우리의 지적 능력이 단일한 '일반 지능'에 의해 일차원적으로 측정될 수 있다는 그 가정 자체가 논쟁적이기는 하지만, 일단 이 가정을 전제하고 각 분야마다 결과적으로 천재적 업적을 남긴 사람들의 IQ를 살펴보면, 대략 IQ 125를 전후해 둘 사이의 상관관계가 사라지는 것을 확인할 수 있습니다. 즉 IQ 125 정도까지는 머리가 좋을수록 결과적으로도 천재적 업적을 남길 확률이 높아지지만(앞서 지적했듯 평균 이하의 지적 능력을 가진 사람이 천재적 업적을 남길 가능성은 현실적으로 거의 없습니다), 그 이상이 되면 특정 분야에서 혁신적 기여를 할 수 있는지 여부와 IQ로 측정된 지적 능력 사이에 통계적 관련성이 별로 없다는 겁니다.

더 구체적으로 말하자면 IQ가 125인 사람과 140인 사람을 100명씩 모아놓고 각 집단에서 해당 분야를 혁신적으로 뒤바꿀 연구를 한 사람의 비율을 살펴보니 통계적으로 유의미한 차이가 없더라는 이야기입니다. 이 통계적 사실이 의미하는 바를 '정확히' 이해하는 것이 중요합니다. 즉 이러한 통계는 '재능'이 천재적 성과를 내는 것과 무관하다거나 결국 결정적인 것은 자유로운 상상력과 노력이라는 말이 아니거든요. 재능과 결과 사이에는 분명한 상관관계가 있습니다. 다만 그 상관관계가 125 근처에서 끝난다는 거죠. 이 사실은 일정 수준을 넘어서는 재능은 과학적으로 혁명적 기여를 할 수 있느냐 여부와 인과적으로 무관하며, 일단 그 정도로 똑똑하다면 그다음부터는 또 다른 요인들이 중요한 역할을 담당한다는 점을 시사합니다.

현존하는 최고 IQ 보유자 중 한 사람으로 간주
되는 크리스토퍼 랭건.

또 다른 요인이란 무엇일까요? 천재성과 창의성을 오랜 기간 연구
해온 심리학자 칙센트미하이에 따르면 이 요인에는 각자가 연구하는
분야에서 어떤 문제가 결정적으로 중요한 문제인지를 알아차리는 통
찰력, 자신의 연구결과를 동료 연구자들에게 효과적으로 이해시키고
그 중요성을 설득해내는 소통력 등입니다.

《아웃라이어》에서 말콤 글래드웰은 지구상에서 가장 높은 IQ를 보
유했던 남자 랭건과 '맨해튼 프로젝트'를 이끌었던 오펜하이머를 비교
합니다. 두 사람 모두 재능적 천재성의 보유자였지만, 랭건은 그 똑똑
한 머리로 퀴즈쇼에 나가 벌어들인 상금으로 먹고살았고, 오펜하이머
는 원자물리학의 원리를 끔찍한 무기로 구체화하는 어려운 작업을 성
공적으로 이끌었지요. 어쩌면 랭건이 '재능' 면에서 더 뛰어날 수 있습
니다. 하지만 그는 불행한 가정환경 때문에 과학자가 되기 위한 적절

한 교육과 훈련을 받을 수 없었죠. 아무리 어려운 과학 논문도 독학으로 이해할 수 있고 관련 주제에 대해 '혁명적' 연구를 수행했다고 스스로는 주장하지만, 기존의 과학연구에 영향을 줄 만한 방식으로 그 연구결과를 제시할 수는 없었습니다. 과학자로서 암묵지나 통찰력을 발휘하지 못했던 겁니다.

뉴턴은 거짓말쟁이인가

뉴턴은 아인슈타인과 함께 '과학적 창의성'이 논의될 때마다 빠짐없이 언급되는 인물입니다. 뉴턴의 천재성은 그 유명한 '사과 일화'로 요약되죠. 사과나무가 지구상에 존재한 이래 수많은 사과가 땅에 떨어졌을 텐데 오직 뉴턴만이 떨어지는 사과를 보고(좀 더 드라마틱한 버전에서는 떨어지는 사과에 맞고!) 우주를 지배하는 법칙을 순식간에 간파했다는 겁니다. 이 얼마나 천재적인 모습입니까! 뉴턴의 천재성에 근접하기 어려운 범인으로서는 상상조차 하기 어려운 업적이 아닐 수 없습니다.

하지만 뉴턴의 '사과 일화'는 대략 98퍼센트 거짓입니다. 왜 2퍼센트를 남겨놓았느냐 하면, 뉴턴이 자신의 죽음을 앞두고 조카사위 콘듀이트에게 이런 이야기를 직접 해주었기 때문입니다. 뉴턴은 결혼을 하지 않아 자식이 없었습니다. 그는 조카딸을 굉장히 예뻐했는데 이 조카딸이 직업도 변변찮은 콘듀이트라는 한량과 결혼했습니다. 그래서 뉴턴은 조카사위에게 자신의 전기를 써보는 게 어떻겠느냐고 제안합

과학은 이것을 상상력이라고 한다

뉴턴의 고향 울소프에서 관광 명물이 된 사과나무.

니다. 당시 뉴턴은 이미 유명한 사람이었으니 자신의 전기를 쓰면 조카사위가 돈을 좀 벌게 되지 않을까 생각했던 것 같습니다.

조카딸에 대한 뉴턴의 사랑은 이처럼 대단했습니다. 자신이 성공적으로 수행했던 영국 조폐국장 자리까지 콘듀이트에게 물려줄 정도였지요. 평소 성격이 괴팍해 핼리나 로크 말고는 학자들과도 거의 교류를 하지 않았던 뉴턴의 '섬세함'을 보여주는 드문 사례라 할 수 있습니다. 어쨌든 뉴턴은 콘듀이트에게 자신이 케임브리지 대학교에 다니던 시절 흑사병이 돌아 학교가 문을 닫게 되었고 하는 수 없이 고향 울소프로 내려가 우주의 신비에 대해 고민하던 중 떨어지는 사과를 우연히 보고는 지구가 끌어당겨 사과가 떨어졌음을 깨닫고, 이 영감을 바탕으로 만유인력 법칙을 발견했다는 취지의 이야기를 합니다.

천재의 영감을 보여주는 이 드라마틱한 이야기는 그 후 널리 퍼져 현재에 이릅니다. 지금도 뉴턴의 고향 울소프에 가면 '뉴턴의 사과나

8장 뉴턴, 과학방법론을 바꿔버린 천재

무'로 알려진 나무가 관광객들을 끌어모으고 있고, 뉴턴이 재직했던 케임브리지 대학교 트리니티 칼리지에도 뉴턴의 사과나무가 있어 역시 일 년 사시사철 뉴턴의 역사적 경험을 후체험하려는 사람들의 사진 세례를 받고 있습니다.

　뉴턴이 직접 한 이야기는 맞지만 뉴턴의 이 '사과 일화'가 사실일 가능성은 거의 없습니다. 그 이유는 뉴턴이 직접 남긴 다른 모든 기록과 이 일화가 어긋나기 때문입니다. 뉴턴은 요즘 말로 하자면 비판적 책 읽기와 연구노트 작성에 탁월했던 사람입니다. 그는 어떤 책이건 그 내용을 그대로 흡수하지 않았습니다. 저자의 주장이 맞는다면 이러저러한 결과가 도출되어야 하는데 책의 다른 부분을 읽어보면 그와 반대되는 주장이 나오므로 정합적이지 않다는 등의 생각을 하며 비판적으로 읽었죠.

　뉴턴이 남긴 저서를 보면 예외 없이 그가 쓴 비판적 메모가 여백에 빽빽하게 적혀 있습니다. 마찬가지로 뉴턴은 아주 어린 시절부터 자신의 생각이나 연구 과정에서 떠오른 아이디어를 아주 꼼꼼히 기록해두었습니다. 당시는 종이가 귀한 시절이었으니 요즘 우리처럼 흰 종이에 기록을 남기는 경우는 거의 없었습니다. 대부분은 다른 용도로 이미 썼던 종이, 예컨대 영수증 뒷면 등을 알뜰히 재활용했어요. 케임브리지 대학교의 뉴턴 아카이브에는 뉴턴이 남긴 평생의 연구 기록이 방안 가득 채워져 있습니다.

　뉴턴을 연구하는 학자 중 그 기록을 모두 읽어본 사람은 극소수인데, 그중 뉴턴 연구의 권위자로 유명한 웨스트폴Richard Westfall,

뉴턴의 메모, 케임브리지 대학교 도서관 소장.

1924~1996은 뉴턴이 20대에 만유인력 법칙이나 역학 법칙을 발견했다는 어떤 증거도 그의 기록에서 찾을 수 없다고 말합니다. 그런 증거가 단순히 '없기만' 한 게 아니라 기록에 드러난 청년 시기의 뉴턴은 그 어떤 매개도 없이 '힘'이 서로 떨어진 물체를 끌어당긴다는 생각 자체를 하리라고 보기에는 매우 어려운 지적 성향을 보였다는 겁니다. 웨스트폴은 어째서 이런 결론을 내게 되었을까요?

'데카르트주의자' 뉴턴

젊은 시절 뉴턴은 데카르트의 자연철학을 열심히 공부했습니다. 뉴턴 당대에는 자연현상을 이해하고 그 원리를 탐구하는 학문을 '자연

175

철학'이라 칭했습니다. 과학science에 해당하는 단어가 있기는 했지만 오늘날과 달리 개별적 지식의 총합인 '분과학문分科學問'을 의미하는 말이었죠. 사실 과학이라는 용어 자체가 사이언스science의 원뜻을 번역한 말, 즉 분과학문을 줄인 말입니다.

현재의 학문 기준으로 보면 뉴턴은 과학자이고 데카르트는 철학자인데 뉴턴이 데카르트를 열심히 공부했다는 말이 이상하게 들릴 수 있습니다. 하지만 데카르트는 당대 최고의 자연철학자였습니다. 데카르트가 저술한 역학과 기하학 책은 뉴턴이 대학을 다니던 시절 그 분야의 가장 권위 있는 연구서로 간주되었습니다. 이런 데카르트의 책을 뉴턴은 대학에 들어가자마자 꼼꼼히 자신의 생각을 적어가며 열심히 공부했습니다. 그리고 데카르트가 세계를 바라보는 방식, 흔히 기계철학mechanical philosophy으로 알려진 방식으로 자연현상을 이해하고 연구했습니다.

데카르트 기계철학의 핵심은 인간의 정신만 빼놓고 세계의 모든 현상을 물질의 운동과 충돌로만 설명하는 것입니다. 데카르트에 따르면 세상은 아주 작은, 여러 종류의 입자로 가득 차 있어요. 그 작은 입자들이 끊임없이 움직이고 서로 부딪치면서 세상의 모든 현상을 만들어낸다는 거죠. 데카르트의 세계에서는 뉴턴의 만류인력이 나올 수가 없습니다. 뉴턴의 만유인력 법칙에 따르면 질량을 가진 모든 물체는 거리의 제곱에 반비례하고 질량에 비례하는 힘으로 서로 끌어당깁니다. 그런데 물체들은 왜 서로를 끌어당길까요? 뉴턴 역학은 그에 대한 답은 내놓지 않았습니다. 그냥 그런 힘이 있다고 가정했을 뿐이죠.

데카르트의 자연철학에서 이런 설명은 제대로 된 과학적 설명이 아닙니다. 자연철학은 모름지기 자연현상의 원인을 설명해야 하며, 데카르트에 따르면 물질 현상의 원인에 대한 설명은 아주 작은 입자의 운동과 충돌로만 이루어져야 합니다. '신비한 힘'을 끌어들여 현상을 설명하는 것은 자연철학적으로 제대로 된 설명일 수 없다고 생각했어요. 이런 생각은 데카르트의 입자철학에 동의하지 않던 자연철학자들 사이에서도 당연시되며 공유되던 것이었습니다. 데카르트와 여러 면에서 다른 생각을 가졌던 라이프니츠G. W. Leibniz, 1646~1715조차 뉴턴의 '힘' 개념은 초자연적 신비주의에 해당한다며 비판했습니다. 사정이 이러하니, 젊은 시절 뉴턴의 연구노트에는 원격작용action-at-a-distance에 관한 어떤 언급도 담길 수 없었습니다. 대신 질량을 가진 물체가 서로 끌어당긴다는 생각은 뉴턴이 오랜 기간에 걸쳐 데카르트의 입자적 세계관을 비판적으로 검토한 결과물로서 서서히 등장합니다.

뉴턴은 분명 지적 능력과 열정, 끈기 등 다양한 측면에서 뛰어남을 보인 사람이었습니다. 그의 만유인력 법칙이 결과적으로 '천재적' 작업이라는 데는 논란의 여지가 없습니다. 그런 뉴턴조차 다른 모든 과학자와 마찬가지로 10여 년간 다양한 착상을 비판적으로 검토하고 수많은 시행착오를 거치면서 만유인력 개념과 그 규칙성에 도달하게 됩니다. 그의 천재적 업적은 결코 사과가 떨어지는 모습을 보고 '천재적 영감'이 떠오른 덕분에 나온 게 아닙니다. 물론 젊은 시절 울소프에서가 아니더라도 분명 뉴턴은 특정 시점에 특정 공간에서 만유인력에 관한 영감을 떠올렸을 겁니다. 하지만 그 영감을 개념적으로 정교하게 가다듬고 이론적으로 정리하고 관련 증거를 수집해 동료 과학자들을 설득할 수 있는 수준으로 만들기 위해 뉴턴은 더 많은 시간 동안 연구를 거듭했습니다.

과학연구에서 상상력이나 영감이 중요하지 않은 것은 아닙니다. 다만 그 영감이 과학적으로 지대한 영향력을 가지려면, 엄밀하게 정돈된 개념과 논문으로 동료 과학자들의 비판적 검토를 통과해 궁극적으로는 후속 세대를 교육하는 교과서에 실릴 수 있어야 합니다. 이 과정을 완수하려면 아무리 뛰어난 과학자라도 시간과 노력이 투여되어야 합니다. 과학연구가 노동집약적 활동임을 상기할 필요가 있습니다.

그렇다면 뉴턴은 콘듀이트에게 도대체 왜 사과 얘기를 했을까요? 여기서부터는 추측을 할 수밖에 없는데요. 유력한 추측은 뉴턴이 만유인력 법칙의 우선권 논쟁을 의식해서 그랬다는 설명입니다. 뉴턴과 라이프니츠 사이의 미적분 우선권 논쟁은 잘 알려져 있습니다만, 뉴턴이 만유인력 법칙의 발견을 두고 용수철의 복원력 법칙으로 유명한 로버트 훅Robert Hooke, 1635~1703과 우선권 논쟁을 벌였다는 사실은 비교적 덜 알려져 있습니다.

훅이 만유인력과 유사한 아이디어를 뉴턴과는 별개로 독자적으로 생각해낸 것은 맞습니다. 하지만 수학적 능력 면에서 뉴턴만 못했던 훅은 이를 이론적으로 체계화할 수 없었죠. 그러던 중 뉴턴이《프린키피아》를 통해 만유인력 법칙을 제안하자 훅은 뉴턴이 자신의 아이디어를 훔쳤다고 주장하죠. 이후 둘은 사이가 몹시 나빠졌고, 그래서 뉴턴은 만유인력에 대한 우선권을 확실히 해두고자 케임브리지 대학교

アイザックニウトン頑學まーて誇らす

19세기 일본 삽화에 등장하는 뉴턴과 사과나무.

재학 시절 훅보다 먼저 자신이 그 생각을 했었다는 식으로 공식화하고 싶었던 것인지도 모릅니다. 만약 뉴턴이 이런 생각으로 '사과 일화'를 말한 것이라면 뉴턴의 계획은 성공했다고 할 수 있습니다. 인상적인 이 일화는 콘듀이트가 쓴 뉴턴 전기 외에도 18세기 계몽사상 시기에 수많은 뉴턴 관련 글에 실리면서 천재적 영감의 대표 사례로 여겨지게 되었으니까요. 위 그림은 19세기 일본에서 그려진 것인데, 당대 복장을 한 뉴턴이 사과나무 앞에서 골똘히 생각하는 장면이 나옵니다. 뉴턴 '사과 일화'의 국제화가 완벽하게 진행되었음을 보여줍니다.

"나는 가설을 만들지 않는다"

그렇다면 뉴턴은 어떻게 데카르트주의에서 벗어날 수 있었을까요? 자신이 익숙한 과학연구 방법론에서 벗어나는 일은 대부분의 과학자에게 매우 어려운 일입니다. 뉴턴의 천재성은 바로 이 과정에서 돋보입니다. 결론부터 말하면, 뉴턴은 단순히 하나의 과학이론을 제시하는 데 머물지 않고 과학방법론 그 자체를 바꿨습니다. 그 유명한 "나는 가설을 만들지 않는다Hypotheses non fingo"라는 선언을 통해서죠. 이 말의 의미를 정확히 이해해야 합니다. 뉴턴 시대에 통용되던 '가설'의 의미를 정확히 파악하는 것이 중요해요.

현대적 의미의 '가설'은 현상을 설명하기 위해 만들어낸 이론 중 아직 검증되기 전 단계의 이론을 뜻합니다. 이런 의미라면 뉴턴의 만유인력 법칙이나 역학 3법칙은, 적어도 뉴턴이 제안할 당시에는 모두 당연히 '가설'입니다. 하지만 뉴턴 시대에 가설은 데카르트적 가설, 즉 눈에 보이는 현상을 눈에 보이지 않는 작은 입자의 운동과 충돌로 설명하는 것을 의미했습니다. 바로 이런 의미에서, 앞서 말한 것처럼 현상의 원인에 대한 제대로 된 자연철학적 설명이 되려면 데카르트 방식의 '설득력 있는 가설'을 제시해야 했던 겁니다.

만유인력에 대해 뉴턴은 바로 이런 의미에서 가설을 제시할 수 없었습니다. 노력을 하지 않았던 건 아닙니다. 뉴턴은 물체들 사이에 눈에 보이지 않는 사슬을 가정해 데카르트식으로 만유인력을 설명해보려 하기도 했습니다. 하지만 모든 시도가 실패했죠. 그래서 뉴턴은 자신은 우주에 존재하는 힘을 가정해 현상을 수학적으로 설명할 뿐 그

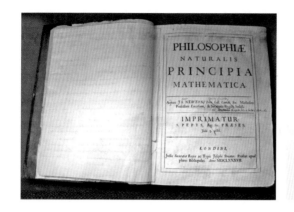

뉴턴의 《프린키피아》
사본. 2판을 위한 뉴턴
자신의 수정 사항이 친
필로 쓰여 있다.

힘의 미시적 메커니즘은 설명하지 않겠다고, 즉 그 힘에 대한 '가설'은
만들지 않겠다고 선언한 겁니다. 간단히 말해 당시 자연철학의 표준적
설명 방식을 따르지 않겠다는 선언을 했습니다.

그렇다면 뉴턴이 대안으로 제시한 자연철학의 설명 방식은 무엇이
었을까요? 경험적 적합성 혹은 당시 용어로는 '현상의 구제saving the
phenomena'입니다. 즉 어차피 경험적으로도 검증이 불가능한 미시적 가
설을 만들어 현상에 대해 무리하게 인과적 설명을 하기보다는 현상의
경험적 패턴을 수학적으로 정교하게 설명하고 예측할 수 있는 이론을
제시하는 것으로 충분히 훌륭한 과학적 설명이 된다는 주장을 펼쳤습
니다. 이 설명 방식이 결국 데카르트의 입자철학적 설명을 대체해 근
대과학의 표준적 설명 방식으로 자리 잡게 되는데요. 이렇게 된 데는
뉴턴 역학의 이론적 뛰어남만큼이나 인상적인 경험적 정확성이 큰 역
할을 수행했습니다.

비록 과정상 수많은 논쟁을 거쳤지만 뉴턴이 임종할 즈음에는 뉴턴이 제시한 '새로운' 방식으로 자연철학 연구를 수행하는 것이 유럽 전역에서 널리 받아들여졌습니다. 물론 뉴턴 이후의 세계를 사는 우리에게는 과학적 설명에서 경험적 적합성이 가장 중요한 덕목이 되어야 한다는 생각은 논란의 여지가 없이 자명한 것이죠. 그러므로 뉴턴이 진정으로 위대한 이유는 떨어지는 사과를 보고 천재적으로 우주 지배 법칙을 떠올린 데 있지 않고, 천재적 과학이론을 제시하는 동시에 과학 '하는' 방법까지 바꾸는 큰 변화를 이끌었다는 데 있습니다.

멋진 아이디어를 떠올리고 이를 훌륭한 이론으로 발전시키는 데서 멈춘 것이 아니라, '과학적 설명'이라는 것이 꼭 데카르트 방식이어야 할 이유는 없으며 새로운 방식으로 자연현상을 이해하고 설명하는 일도 가능함을, 뉴턴은 보여주었던 것이지요. 이런 의미에서 뉴턴의 업적은 진정으로 '천재적'입니다. 하지만 그가 순전히 '재능적 천재성' 측면에서 압도적 천재였다는 증거는 없습니다. 뉴턴은 뛰어난 통찰력과 최고 수준의 과학적 상상력으로 창의적 연구를 수행한 위대한 과학자였습니다.

9장

아인슈타인의
네 가지 얼굴

아인슈타인은 천재소년이었나

앞서 살펴보았듯 뉴턴의 천재성은 '떨어지는 사과'보다는 남다른 통찰력과 오랜 과학연구에서 비롯했습니다. 이번에는 뉴턴만큼이나 과학천재의 전형으로 여겨지는 또 한 사람의 이야기를 해보죠. 바로 아인슈타인Albert Einstein, 1879~1955입니다.

알베르트(혹은 나중에 미국인이 되었으니 앨버트) 아인슈타인에 대해, 많은 사람이 그가 상대성이론이라는 과학이론으로 시간과 공간의 개념을 바꾼 사람이라는 정도는 알고 있습니다. 그렇게 엄청난 일을 한 사람이니까 보나마나 엄청난 천재였겠구나 하는 생각도 하기 쉽고요. 물론 아인슈타인의 어릴 적 학교 성적이 나빴다는 일화도 널리 퍼져 있는데, 사실 이 일화조차 아인슈타인의 남다른 천재성을 보여주는 증거로 제시되고 있죠. 워낙 엄청난 천재여서 기존의 교육 과정이나

185

수준 미달의 교사들은 그 천재성에 걸맞은 교육을 제대로 할 수 없었다는 식입니다. 이제부터 자세히 살펴보겠지만, 그건 사실이 아닙니다.

그렇다고 해서 아인슈타인의 어린 시절이 지극히 평범하기만 했던 것도 아닙니다. 꼭 그렇지는 않아도 천재적 연구 작업을 해낸 사람들에게서 자주 발견되는 특징이 하나 있죠. 능청스럽고 재치 있는 말을 잘하는 겁니다. 남들을 잘 웃긴다기보다 세상을 약간 비틀어서 보고 그렇게 비틀어서 본 세상과 실재 사이의 차이점을 활용해 재치 있는 농담을 할 수 있었지요. 예를 들어 여동생 마야가 태어날 무렵 아인슈타인은 자기와 놀아줄 새로운 '장난감'이 생길 거라고 잔뜩 기대했다가 정작 작고 힘없어 보이는 아기를 보고는 실망해서 이렇게 말했다고 합니다. "그런데 바퀴는 어디에 달린 거야?" 어린 시절부터 아인슈타인은 이런 능청스러운 말과 행동으로 온 가족에게 웃음을 선사했던 거죠. 어쩌면 이 능력이 그가 훗날 동일한 현상을 여러 각도에서 볼 줄 아는 '통찰력'을 갖게 된 것과 관계가 있을지도 모릅니다.

아인슈타인은 다른 아이들을 압도할 정도로 계산을 빨리 잘했다거나 초등학교 시기에 고등학교 수학을 푸는 식의 꼬마신동은 아니었습니다. 수학 문제 풀이법을 기계적으로 외우게 하는 당시의 교육 방식을 싫어하고 계산 실수도 잦아서 종종 지적을 받곤 하던 학생이었죠. 하지만 수학이나 과학을 못했던 것은 결코 아니었습니다. 아인슈타인의 고등학교 성적표를 보면 대부분의 과목에서 좋은 점수(5점 혹은 6점)를 받았고 특히 수학과 과학은 최고점(6점)을 받았어요. 규칙성 없이 암기할 것만 많았던 프랑스어나 그리스어에서 중간 정도의 성적(3점)

어린 아인슈타인이 여동생 마야와 함께 있는 모습(1886년경).

을 받았을 뿐입니다. 재미있게도 같은 외국어 과목이라도 규칙성이 있는 라틴어 과목은 잘했습니다. 아인슈타인이 좋아하는 과목과 싫어하는 과목 사이의 성적 편차가 상당했음을 보여주는 예죠.

아인슈타인은 대체로 '평범하게 공부 잘하는' 학생이었습니다. 아인슈타인이 평범하지 않았던 부분은 '집중력'이었습니다. 여동생 마야의 회고에 따르면 아인슈타인의 집중력은 어린아이에게서 기대할 수 있는 수준을 훨씬 넘어서는 것이었어요. 이 점을 잘 보여주는 예로 '카드 쌓기' 일화가 있습니다. 카드를 잘 세워 여러 층의 탑 모양을 만드는 건데, 저 같은 경우 이런 일에 영 재주가 없어서 아무리 해도 3층 이상 쌓아본 적이 없습니다. 그런데 마야에 따르면 어린 아인슈타인은 카드를 13층까지 쌓곤 했답니다.

한번 생각해보세요. 아인슈타인이 '카드 쌓기'에 특별한 재주가 있

187

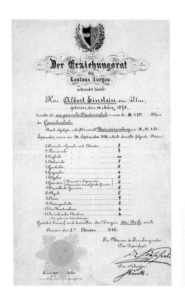

아인슈타인의 스위스 아르가우 칸톤 학교 시절 성적표.

는 '거미손'을 타고났을 가능성은 없습니다. 당연히 다른 사람들처럼 아인슈타인도 쌓다가 무너지고 쌓다가 무너지고⋯⋯ 그러다가 13층까지 간 거겠죠. 그 과정에서 얼마나 많은 실패를 겪어야 했을까요? 거듭 실패했을 겁니다. 어린 아인슈타인이 수많은 실패 끝에 10층까지 카드탑을 쌓아올린 상황을 상상해봅시다. 10층까지 쌓아올린 아인슈타인은 조심스레 카드를 한 장 더 맨 꼭대기에 세워봅니다. 그런데 안타깝게도 '공든' 탑이 와르르 무너져버립니다. 우리 같으면 이때 어떤 기분일까요? 수없이 실패하면서 10층까지 쌓았는데 애써 균형을 잡아 올려놓은 카드가 그간의 노력을 모두 수포로 돌아가게 했으니 그 좌절감이 말도 못 할 겁니다.

과학은 이것을 상상력이라고 한다

조금만 감정이입을 해보면 충분히 그 쓰라림을 느낄 수 있습니다. 아마 사람들은 대부분 1층부터 다시 탑을 쌓아야 한다는 생각 자체가 너무도 끔찍하겠죠. 언제 저기까지 또 가나 하는 생각부터 날 테니까요. 그런데 어린 아인슈타인은 집중해서 다시 카드를 세워 조심스럽게 탑을 세워나간 겁니다. 이런 일을 할 수 있는 '집중력'은 실제로 훗날 아인슈타인의 과학연구에서 결정적 역할을 합니다.

과학연구 과정에서는 정말로 노력해서 겨우겨우 뭔가가 될 것 같았는데 결정적 오류가 발견되어 처음부터 다시 시작해야 하는 경우가 허다합니다. 마치 10층까지 쌓았던 공든 탑이 와르르 무너지는 상황 같은 거죠. 이런 상황에서 실망하지 말고 다시 도전해보라고 말하기는 쉬워도 실천하기는 어렵습니다. 여태까지 문제를 해결하려 엄청난 노력을 들였는데 처음부터 다른 방식으로 해결책을 또다시 찾아봐야 한다면 누구나 실망감에 무기력해지죠. 그럼에도 다시금 힘을 모아 연구에 몰두하는 일은 어마어마한 끈기와 집중력을 요합니다. 이 끈기와 집중력이야말로 '천재적' 과학연구에 예외 없이 등장하는 요인이지요. 특히 아인슈타인은 어렸을 때부터 이 능력에서 굉장한 탁월함을 보였습니다.

또 아인슈타인은 문제가 안 풀리면 다른 사람에게 물어봐서 풀이법을 이해해놓고도 그 문제를 또 다른 방식으로 풀 수는 없을지 계속 고민했다고 합니다. 아인슈타인이 그 누구도 생각지 못한 기막힌 풀이법을 자주 개발했다는 말을 하려는 게 아닙니다. 중요한 건 그런 노력을 기울였다는 사실이죠. 이미 어떻게 답을 내면 되는지 알았는데도 그

189

문제 자체에 대한 관심을 그대로 유지하면서 또 다른 노력을 이렇게 저렇게 기울여보는 건 시험에서 높은 점수를 받고자 수학 문제를 푸는 대다수 사람에게선 쉽게 찾아보기 어려운 특징입니다.

아인슈타인은 뉴턴과 마찬가지로 책을 '비판적'으로 읽었습니다. 책 내용을 '비난'했다는 말이 아닙니다. 책이 말하려는 바가 어떻게 이해될 수 있는지 분석하고 대안을 찾아가면서 읽었다는 뜻입니다. 이런 태도가 몸에 배어 있던 아인슈타인은 당시 독일의 군대식 교육 방식과 잘 안 맞았습니다. 독일에서 학교 다닐 때 그다지 좋은 성적을 얻지 못한 건 그 탓입니다. 아인슈타인이 초등학교를 다니던 19세기 말 독일의 교육은 군대식으로 이뤄졌습니다. 선생님이 문제를 내고 학생을 지목하면 곧바로 일어나 대답하는 식이었죠. 어린 시절부터 '자유로운 영혼'이었던 아인슈타인은 이런 교육을 싫어했습니다. 하지만 학교 교육 자체를 싫어했던 것은 아닙니다. 나중에 스위스 아르가우 칸톤 학교에 들어가 학생들의 생각을 북돋고 토론을 통해 답을 찾아가는 방식으로 교육을 받게 되자 아인슈타인도 그것을 무척 즐겼습니다.

아인슈타인은 문제아였나

아인슈타인의 집안은 독일에서 전기 사업을 했는데, 아인슈타인이 김나지움(고등학교) 1학년 때 사업이 잘되지 않아 가족 전체가 이탈리아로 이주를 합니다. 하지만 아인슈타인만은 독일에 남아 김나지움을 마치도록 했죠. 그런데 군국주의 교육 분위기에서 학교를 다니기가 너

칸톤 학교 시절 동급생들과 함께 찍은 졸업사진. 앞줄 맨 왼쪽이 아인슈타인.

무도 싫었던 아인슈타인은 부모님의 허락도 받지 않고 아는 의사를 통해 가짜 진단서를 마련해 학교에 제출합니다. 질병을 핑계로 김나지움을 자퇴한 거죠. 그러고는 이탈리아의 부모님 집으로 가서 당시 유럽에 널리 알려진 명문 스위스 연방공과대학에 들어가겠다고 큰소리칩니다.

수학이나 과학 성적은 꽤 좋았기에 나름 자신이 있었던 것 같은데 그다음 해에 친 입학시험에서 여지없이 떨어집니다. 수학 성적은 뛰어났지만 다른 과목은 성적이 좋지 않았거든요. 연방공과대학교 입학시험이 아인슈타인 같은 천재를 못 알아볼 정도로 평범했기 때문이 결코 아닙니다. 고등학교 교육을 제대로 받지 못한 아인슈타인이 좋은 성적을 받기란 아무래도 역부족이었을 뿐입니다. 다행히도 연방공과대학 학장은 스위스의 고등학교에서 1년간 부족한 과목을 보충하고 오면 그다음 해에는 시험을 다시 보지 않더라도 입학을 시켜주겠다며 특별허가를 내주었습니다. 그래서 아인슈타인은 아르가우 칸톤 학교를 다니게 됩니다.

이렇게 해서 아인슈타인은 아르가우 칸톤 학교에 들어갑니다. 위의 졸업사진을 보면, 사진 속에 선생님과 학생이 섞여 있는데 누가 선생님이고 누가 학생인지 구별하기 어려울 정도입니다. 그만큼 학교 분위기가 자유분방했다는 거죠. 격식을 따지거나 위계적이지 않았으며 자유로운 토론을 지향하고 새로운 지식 탐색하기를 즐겼어요. 당시의 새로운 교육철학에 입각해 만든, 오늘날로 말하자면 혁신학교 같은 곳이었습니다. 아인슈타인은 이곳을 정말 좋아했어요. 인생의 가장 행복한 1년을 여기서 보냈다고 자서전에서 이야기할 정도니까요.

그러므로 천재는 기존 학교에 안 맞으니 이 사람들은 따로 모아 교육시켜야 한다는 말은 적어도 아인슈타인에게는 맞지 않습니다. 아인슈타인이 다녔던 아르가우 칸톤 학교는 일종의 '영재학교' 같은 곳이 아니었습니다. 아인슈타인의 동급생들이 다들 천재였던 것도 아니고요. 그저 학생들의 의견을 존중해주던 스위스의 한 고등학교였을 뿐이죠. 좋은 교육이란 결국 학생들의 잠재성을 충분히 발전시키는 방향으로 이루어지느냐, 바로 그것으로 결정됩니다. 천재를 위한 교육이 따로 있지 않습니다.

실험하는 아인슈타인!

아인슈타인의 성적과 관련해 잘못 알려진 이야기가 하나 더 있습니다. 아인슈타인이 낙제생이었다는 건데요. 물론 아인슈타인이 연방공과대학을 졸업할 때 성적이 동급생 중 꼴찌였던 건 맞습니다. 하지만 이 꼴찌가 1등이 99점이라면 한 85점쯤 받은 꼴찌입니다. 전 과목 모두 F를 받은 낙제생은 아니었다는 말이죠. 그랬다면 아예 졸업을 못했겠죠. 어쨌거나 아인슈타인은 동급생들보다 성적이 좀 낮았다는 건데, 왜 그랬을까요?

이 지점에서 아인슈타인의 잘 알려지지 않은 면모가 드러나는데요. 흔히 아인슈타인은 우주를 하나의 아름다운 방정식으로 기술하려 한 지극히 이론적인 물리학자로 알려져 있습니다. 그러나 정작 대학 시절의 아인슈타인은 주로 실험실에 틀어박혀 지냈습니다. 실험에 그토록 몰두한 덕분인지 아인슈타인은 냉장고 특허를 비롯해 상업적 가치를 지닌 특허도 여럿 가지고 있었죠. 나중에 첫 번째 아내와 이혼한 후 자녀양육비 등으로 돈이 필요할 때 이 특허가 유용했다고 합니다.

반면 대학 시절 아인슈타인은 강의실에는 잘 안 들어갔습니다. 강의를 꾸준히 듣지 않으면 아무리 아인슈타인이라도 시험 성적은 잘 안 나옵니다. 왠지 아인슈타인 같은 천재는 예외일 것 같죠? 강의를 안 들어도 무슨 문제가 나올지 뻔히 알 것 같고 공부를 하지 않아도 문제를 척척 풀어낼 것 같잖아요? 하지만 천재에게도 공짜는 없습니다. 공부를 제대로 하지 않고 시험을 잘 볼 수는 없다는 말입니다. 실험에 빠져 강의에는 소홀했던 아인슈타인은 당연히 성적이 별로 좋지 않았습니다.

당시 아인슈타인이 매번 빼먹던 강의 중에는 저명한 수학자 헤르만 민코프스키Hermann Minkowski, 1864~1909의 수업이 있었습니다. 민코프스키는 아인슈타인이 상대성이론으로 굉장히 유명해진 후 그 아인슈타인이 내가 알던 아인슈타인이 맞느냐고 사람들에게 묻곤 했습니다. 자기 기억으로는 아인슈타인이 그런 엄청난 연구를 할 것 같지 않았던 거죠. 그런데 여기서 민코프스키의 위대한 면모가 드러납니다.

학생 시절 그다지 인상적이지 않았던 아인슈타인이 어떤 면에서 자기보다 유명해졌다면 스승이자 동료 학자로서 기분이 썩 좋지는 않을 수 있습니다. 어쩌면 자신의 판단이 틀렸다는 점을 인정하기 싫어서 아인슈타인의 연구는 무시하고 다른 주제를 연구할 수도 있었을 거예요. 사실 그게 더 자연스럽죠. 하지만 민코프스키는 아인슈타인의 특수상대성이론의 진가를 알아봤고, 그래서 이를 수학적으로 보다 명쾌한 형식인 4차원 시공간을 통해 새롭게 정식화합니다.

아인슈타인 하면 우리는 바로 4차원을 떠올리지만 정작 1905년 특수상대성이론 논문에서 아인슈타인은 4차원 이야기는 한 번도 하지 않습니다. 서로 다른 속도로 움직이는 관측자가 어떻게 시간을 동기화하는지에 대해서만 이야기할 따름입니다. 지금도 물리학과 교과서에서 특수상대성이론을 설명할 때 등장하는 4차원 시공간은 민코프스키가 1907년에 만든 개념입니다. 처음에는 우습게 봤던 제자의 아이디어가 훌륭하다는 판단이 들자 더 명쾌한 방식으로 정리를 해준 것이죠. 흥미로운 점은 민코프스키와 다른 관점에서 출발했던 아인슈타인이 처음에는 민코프스키의 4차원 정식화를 받아들이지 않다가 다른 물리학자들이 이를 널리 사용하자 마지못해 받아들였다는 겁니다.

민코프스키의 이야기는 과학연구의 본성을 두 가지 측면에서 함축
적으로 보여줍니다. 첫째는 연구 과정에서 처음에 내린 판단에 구애되
지 않고 지속적으로 새로운 정보를 반영해 연구 방향을 수정해나가는
것이 과학연구의 객관성을 유지하는 데 절대적으로 중요하다는 사실
입니다. 둘째는 천재적인 과학연구도 단 한 사람의 천재에 의해 처음
부터 끝까지 완성되는 경우는 매우 드물다는 사실입니다. 아인슈타인
이 특수상대성이론의 주창자인 것은 맞지만 그의 이론은 민코프스키
같은 동료 학자들의 관련 연구가 뒷받침되면서 발전한 것입니다. 과
학연구가 협동 작업이라는 점은 '천재적' 과학 업적에도 여전히 적용
됩니다.

특허청의 아인슈타인

대학교를 졸업할 때 성적이 좋지 못했던 아인슈타인은 학계에서 자리를 구하지 못하고 친구의 도움으로 베른 특허청에서 근무하게 됩니다. 낮에는 근무를 하고 평일 밤이나 주말에 연구를 했지요. 그러고도 1905년 기념비적 논문 세 편(특수상대성이론, 광전효과, 브라운운동)을 써냅니다. 그래서 1905년을 아인슈타인의 '기적의 해'라고 부릅니다. 이 점을 들어, 당시 누군가 아인슈타인의 재능을 알아보고 그에게 온종일 학술연구에 몰두할 기회를 주었더라면 훨씬 많은 업적을 냈을 것이라고 개탄하는 사람도 있습니다. 하지만 얼핏 그럴듯해 보이는 이 추측은 타당하지 않습니다. 왜냐하면 아인슈타인의 특허청 경력이 그가 특수상대성이론을 완성하는 데 많은 도움을 줬기 때문입니다.

아인슈타인은 특허를 얻으려고 제출된 기술이 기존 특허보다 더 참신한지 혹은 더 유용한지 등을 판정하는 특허심사관 일을 했습니다. 당시 아인슈타인이 심사하던 특허 중에는 서로 다른 장소에 있는 시계를 어떻게 동기화synchronization하는지에 대한 특허 신청이 많았습니다. 시계를 동기화한다는 것은 범죄영화에서 볼 수 있듯 서로 다른 시계를 같은 시각에 맞추는 것을 의미합니다. 동일한 장소에서 시간은 시계를 서로 견주어 쉽게 맞출 수 있지만 서로 다른 장소, 예컨대 취리히의 시계와 베른의 시계를 동기화하기는 쉽지 않습니다. 지구상의 서로 다른 장소의 시간은 규약에 의해 모두 다르기 때문이지요. 하루를 24시간으로 규정한 것은 같지만 해가 뜨는 시간과 지는 시간이 다르기에, 이를테면 우리나라가 아침 9시일 때 유럽은 한밤중입니다.

아인슈타인이 근무하던 스위스 베른
특허청 사무실.

  지금은 대체로 한 시간 단위로 시간대를 나눕니다만, 20세기 초까지
만 해도 중요한 도시마다 시간이 제각각이었어요. 사실 이게 더 자연
스러운 겁니다. 지구가 한 시간 단위로 15도씩 찰칵찰칵 도는 게 아니
라 연속적으로 회전하고 있으니 원칙적으로는 경도상 차이가 나는 모
든 위치에서 각기 조금씩 다른 시간을 규정해야 하지요. 그러면 일상
생활에서 여러 가지 복잡한 일이 생깁니다. 취리히와 베른의 시간이
다르니, 당시에도 정확하기로 유명한 스위스 기차가 각 도시의 도착
예정 시간에 맞춰 운행되도록 하려면 도시마다 정확히 몇 분씩 시간
차이가 나는지를 정밀하게 측정하고 이를 각 도시의 시계에 반영해야
했으니까요. 취리히 시간으로 1시에 출발한 기차가 베른 시간으로 2시
에 도착해야 하는데 두 도시 사이의 시간 차이가 7분이라면 기차는 한
시간이 아니라 67분 만에 베른에 도착해야 하는 것입니다.

　당시 아인슈타인이 베른 특허청에서 심사하던 내용 중에는 이 동기화 작업을 전신을 써서 자동적으로 수행하는 기계장치에 대한 특허 신청이 많았습니다. 이들 기계장치는 세부 내용은 달랐지만 작동 원리는 같았습니다. 취리히에서 베른으로 전기신호를 보내면 이 신호가 베른에 도착하자마자 다시 취리히로 보내지도록 하는 방식이죠. 만약 취리히 시간으로 신호가 발신되고 수신되는 데 2분이 걸렸다면 베른 시계는 1분 차이로 취리히 시계와 동기화할 수 있는 겁니다. 물론 실제 베른 시간은 여기에 경도 차이로 인한 시간 차이도 함께 고려해서 결정해야겠죠.

　아인슈타인의 1905년 특수상대성이론 논문을 읽어본 사람이라면 이 과정이 논문에서 아인슈타인이 제안한, 서로 다른 속도로 움직이는 관측자가 각자가 가진 시계를 동기화하는 방식과 동일하다는 것을 알아차릴 수 있을 겁니다. 아인슈타인의 베른 특허청 시절을 꼼꼼히 연구한 과학사학자 피터 갤리슨Peter Galison, 1955~ 은 이런 점을 들어 아인슈타인의 특수상대성이론 연구가 특허청 근무 경험에서 많은 영향을 받았을 가능성을 제기합니다.

이 주장의 의미를 정확히 이해할 필요가 있습니다. 갤리슨의 주장은 아인슈타인이 아무 생각 없이 지내다가 시계 동기화 특허를 보고는 불현듯이 영감을 얻어 특수상대성이론을 만들었다는 이야기가 아니거든요. 관련 기록을 통해 우리는 아인슈타인이 특허청 근무 이전부터 특수상대성이론의 핵심적 물음, 예를 들어 '빛의 속도로 움직이는 관측자에게 빛은 정지한 것처럼 보일까'라는 물음을 여러 각도에서 탐구해왔음을 알고 있습니다. 당시 유럽의 물리학자들을 난처하게 했던 뉴턴역학과 전자기학 사이의 모순에 대해서도 굉장히 깊이 고민하고 있었고요. 중요한 점은 이렇게 물리학의 난제 해결에 몰두하던 아인슈타인이 그 해결책의 일부를 자신이 생계를 위해 근무하던 곳에서 얻었을 가능성이 높다는 겁니다.

실제로 혁신적이고 창의적인 연구는 이런 식으로 다양한 분야의 자원을 한데 모아 결합하는 과정에서 이루어지는 경우가 대부분입니다. 물론 다른 분야의 개념을 그대로 가져다가 자신이 고민하던 문제를 곧바로 해결할 수 있는 경우는 거의 없습니다. 그것을 적절히 '변형'해야 합니다. 아인슈타인이 심사했던 기계장치는 유선통신으로 시계를 기계적으로 조작하는 것이었습니다. 반면 아인슈타인의 특수상대성이론에서는 서로 다른 관측자가 빛을 주고받음으로써 자신의 시간과 공간을 규정합니다. 거기에 더해 빛의 속도가 일정하다는 '공준'이 절대적 역할을 담당합니다. 즉 아인슈타인은 시계 동기화 특허를 단순히 가져다 쓴 것이 아니라 이로부터 아이디어를 얻고 자신의 물리학적 사고와 결합해 특수상대성이론을 발전시켰습니다.

이처럼 다른 분야에서 자신의 문제 해결에 도움이 되는 아이디어를 얻으려면 평소 그 문제를 늘 궁리하고 있어야 합니다. 그래야 똑같은 것을 봐도 거기서 다른 사람이 못 보는 것을 볼 수 있죠. 아인슈타인 이전에도 이미 사람들은 서로 다른 속도로 움직이는 관측자의 시간이 느리게 가고 공간이 수축하는 방식에 대한 수학적 식, 로렌츠-피츠제 랄드 수축식을 알고 있었습니다. 하지만 아인슈타인과 달리 이들 물리학자는 이 식의 의미를 시간과 공간에 대한 근본적인 재해석으로는 파악하지 못했습니다. 오직 아인슈타인만이 (그리고 푸앵카레가 약간 다른 방식으로) 이 식이 함축하는 바는 새로운 물리학을 요구하는 것이라 판단했지요.

이를 위해서는 항상 '열린 마음'으로 다양한 접근 방식을 검토하고, 다른 사람의 아이디어에서 자신에게 유용한 부분이 있다면 이를 적절하게 '변형'해서 가져다 쓰는 연구 태도가 필요합니다. 이 일이 말처럼 쉬운 것은 아니지만 아인슈타인의 연구가 이런 연구 태도를 잘 보여 주고 있다는 사실은 분명합니다. 즉 생계를 위해 다니던 특허청에서조차 자신이 심사하던 기술의 특징에 주목하고 이를 자신의 물리학 연구와 연결 지을 수 있는 탁월한 융합적 통찰력이 그것입니다.

그런 의미에서, 어렸을 때부터 다른 분야는 무시하고 수학이나 과학만 공부시키는(물론 그것만 하고 싶어 하는 학생에게 억지로 다른 분야의 공부를 강요해도 안 되겠지만) 영재교육이 바람직한가에 관해서는 의문의 여지가 있습니다. 아인슈타인의 '천재적' 과학연구는 '꼬마신동'의 압도적 지적 능력의 산물이거나 자유로운 상상력을 발휘한 결과가 아닙니다. 그보다는 매우 뛰어난 지적 능력이 다양한 분야에서 남들이 보지 못하는 연결점을 찾아내는 통찰력과 무서울 정도의 집중력이 결합된 결과라고 볼 수 있습니다.

아인슈타인이 특수상대성이론이라는 혁신적 이론을 제안한 것은 맞지만, 그 이론의 모든 귀결을 아인슈타인 혼자 다 파악해냈던 것도 아니고 이론 형성 과정에서 모든 요소를 자신이 다 만들어낸 것도 아닙니다. 아인슈타인의 과학연구가 천재적인 것은 논란의 여지가 없는 사실이지만 그 천재적 연구의 배경에는 수많은 동료 과학자의 연구가 자리 잡고 있습니다. 이런 특징은 앞서 살펴본 뉴턴의 사례를 포함해 중요한 과학연구에서 매우 일반적으로 발견되는 특징입니다.

10장

방적기 기술자는
아동노동을 의도했는가

눈에 보이지 않는 기술

지금까지 주로 과학자들의 상상력을 다루었다면, 이제부터는 기술·공학 분야의 창의성과 상상력을 이야기해볼까 합니다. 이 분야에서도 뛰어난 기술자와 공학자가 많지만 우리는 앞으로 와트James Watt와 마르코니Guglielmo Marconi를 중심으로 살펴볼 겁니다. 두 사람 모두 기술의 역사에 큰 족적을 남긴 위대한 기술자이자 제가 주목하는 기술 및 공학 연구의 특징을 생생하게 보여주는 사례거든요.

와트는 흔히 증기기관의 아버지라 불립니다. 사실 와트를 증기기관의 '아버지'라고 부르는 것은 반쯤 맞고 반쯤 틀린 이야기입니다(이에 대해서는 11장에서 자세히 다루겠습니다). 그리고 마르코니는 무선통신을 상용화한 사람으로 유명합니다. 우리가 이젠 거의 몸의 일부처럼 생각하는 휴대전화도 마르코니가 있었기에 가능했다고 할 수 있죠. 물론 마르코니가 아니었더라도 다른 누군가가 유사한 무선통신을 만들 었을 가능성은 매우 높습니다. 그러나 앞으로 살펴보겠지만, 현재처럼 무선통신이 일상화된 세상이 도래하게 된 데는 마르코니의 독특한 전 망이 큰 역할을 했습니다.

저는 휴대전화를 대학생 때 TV 드라마에서 처음 봤습니다. 정말 너 무 놀랐습니다. 저런 게 어떻게 기술적으로 가능할까 하고 놀랐던 것 은 물론 아닙니다. 우리가 안테나로(당시에는 IPTV 같은 게 없었으니까요) TV를 볼 수 있다는 사실로 그보다 정보 송출량이 훨씬 적은 전화 통 화를 선 없이 하는 일이 원리상 어렵지 않으리라는 걸 짐작할 수 있으 니까요. 하지만 실제로 일상생활에서 사람들이 걸어 다니며 통화하는 모습을 보니 왠지 비현실적으로 느껴지면서 좀 신기했습니다.

제가 처음 본 휴대전화는 당시 꽤 인기 있던 드라마에서 재벌 2세가 들고 다니던 것으로 무지막지하게 컸습니다. 아마도 당시 우리나라에 서 정식으로 시판되고 있던 게 아니라 외국에서 판매되던 제품을 가 져왔던 것 같습니다. 사실 그때는 우리나라에 휴대전화 망이 아직 깔 리기 전이라 엄밀히 말하자면 휴대전화라기보다는 위성전화였을 가 능성이 큽니다. 아무튼 그 드라마의 내용은 지금 하나도 기억이 나지 않는데 주인공 남자가 자기 팔뚝만 한 전화기를 들고 여자친구와 이 야기하며 걷는 장면만은 기억에 또렷이 남아 있습니다. 일상적인 도시 공간에서 공중전화 부스에 가지 않고도 통화를 할 수 있는 세상이 도 래한 것이었죠.

이젠 스마트폰이 거의 생필품이기 때문에 그것이 어떻게 삶을 바꾸

휴대전화의 변천.

는지 그 영향력을 실감하기가 쉽지 않습니다. 금붕어가 자신이 헤엄치고 있는 '물'에 대해 따져보기 어렵듯 우리가 일상적으로 사용하는 기술에 대해 성찰하기란 쉽지 않습니다. 기술이 우리 삶의 배경으로 너무나 잘 숨어들어가기 때문입니다. 휴대전화도 그렇습니다. 저처럼 그게 처음 등장했을 때의 충격을 기억하는 사람이 아닌 한 현재 시점에서는 연필이나 종이처럼 그저 일상적 사물로 간주될 뿐입니다.

'새로운 기술'은 얼마 지나지 않아 우리의 일상 삶 속으로 숨어버리는 경향성을 지니고 있습니다. 이 점은 바꿔 말하면 그 기술이 우리삶을 얼마나 많이 바꾸는지 뚜렷이 인식하기가 어렵다는 뜻입니다. 이러한 경향성 혹은 인식은 가치적 측면에서 양방향으로 작동합니다. 지금은 당연시 여기는, 집집마다 들어오는 수도와 전기 같은 기술이 우리 삶을 얼마나 '혁명적으로' 바꾸었는지를 실감하기 어려운 것이 그한 방향입니다. 다른 방향은 아직 논쟁이 진행 중이지만 온라인 사회연결망을 이용하게 되면서 우리가 이전에 소중히 여기던 가치, 즉 가족과 나누는 도란도란 대화의 소중함을 모르는 사이 얼마나 잃어가고 있는지를 못 보게 되는 그런 상황이 나타나는 것이죠.

기술적 발명의 의도치 않은 결과

다음 사진 속 아이가 몇 살로 보이나요? 요즘은 아이들이 굉장히 빨리 크니까 열 살 남짓으로 보일 겁니다. 서양 아이들이 동양 아이들보다 적어도 외모에서는 더 성숙해 보인다는 점을 고려해 일고여덟 살 정도라고 생각할 수도 있죠. 그런데 이 아이는 실제로 열세 살입니다. 원래 나이보다 훨씬 작고 왜소해 보이죠. 이유를 살펴보면 어이없을 정도로 단순합니다. 영양부족 탓이에요. 공장 노동이 대규모로 이루어지던 19세기 영국에서는 사진 속 배경처럼 직물공장에서 일하는 어린 이들이 많았습니다.

지금은 아동노동을 법적으로 금지한 나라가 대부분입니다만, 산업혁명 시기에는 사진 속의 저 '착취 공장sweat shop'에서 이루어지는 아동노동이, 오늘날 스마트폰으로 정보를 찾는 사람만큼이나 흔했습니다. 현재 시점에서는 아동노동, 특히 주당 80시간 이상의 혹독한 노동조건 아래서 이뤄지는 아동노동은 바람직하지 않다는 데 대다수 사람이 동의할 겁니다. 하지만 19세기 영국에서도 이런 판단이 그렇게 자명했던 것은 아닙니다. 19세기의 기계화된 공장에서 기계가 대체하기 어렵거나 비용이 많이 드는 작업을 임금이 싼 아동이 담당하는 것을 두고 그것이 비윤리적이라고 생각하는 사람은 많지 않았습니다.

사진가 루이스 하인이 찍은 산업혁명 시기의 영국 아동 노동자.

게다가 아동에게 노동을 직접적으로 '강요'했던 것도 아니었죠. 절대적으로 가난했던 노동자 가족 입장에서는 아이들이 몇 푼이라도 벌어 와야만 굶어 죽지 않을 수 있었기에, 형식적 의미에서는 '자발적으로' 아이들을 공장으로 보냈습니다. 그 덕분에 아동노동자가 공장에 충분히 공급될 수 있었고, 그래서 아동노동에 더 효율적이도록 공장 기계를 설계하는 일까지 일어났어요. 하지만 노동을 하지 않으면 자신과 가족이 굶어 죽을 상황이기에 새벽부터 밤까지 주 6일 노동을 한 아동들이 정말로 '자발적' 노동을 했다고 말할 수 있을까요?

몇몇 학자는 이를 '강제된 자발성'이라 부릅니다. 모순적으로 들리지만 실제로 이런 일이 역사적으로 상당 기간 동안 발생했다는 점을 기억할 필요가 있습니다. 더 중요한 점은 새벽에 공장으로 일하러 나가던 아동들이 그런 식의 경제논리를 인지했을 가능성도 높지 않다는

10장 방적기 기술자는 아동노동을 의도했는가

사실입니다. '아, 정말 공장에 가기 싫지만 내가 일을 안 하면 오늘 땔감을 사지 못해 우리 가족이 얼어 죽을지 몰라. 그러니 나가야지' 하면서 일하러 간 게 아니라는 말입니다.

당시에는 아동노동이 적어도 노동자 계층에서는 너무나 일상적이었기에 부모들은 별 생각 없이 예닐곱 살 때부터 아이들을 공장으로 내보냈습니다. 아동노동이 어째서 그토록 '자연스럽게' 이뤄졌을까요? 이는 당시의 '대규모 기계화'와 관련됩니다. 산업혁명의 중요한 특징 중 하나는 오랜 기간 훈련받은 장인이 만들던 물건을 이제 기계가 만들기 시작했다는 점입니다.

공장주 입장에서는 껄끄러웠던 숙련 노동자 대신 비숙련 단순노동을 제공할 사람을 싸게 고용할 수 있게 된 겁니다. 예를 들어 면화 원료에서 실을 뽑아내는 방적 과정을 기계화한 방적기는 제대로 돌아가기만 하면 인간의 개입 자체가 거의 필요하지 않습니다. 하지만 자질구레한 몇 가지 이유로 방적기가 멈추는 상황이 종종 발생했고 그때마다 사람이 돌아다니며 멈춰 있는 기계의 틀을 막대기로 쳐서 계속 돌게 하는 정도의 단순한 일을 할 필요가 있었죠.

이런 일을 위해 구태여 성인 노동자를 고용할 필요는 없다고 생각한 공장주들은 임금이 싼 아동을 고용했던 것입니다. 방적기 설명서에서 아예 아동노동이면 충분하다며 장점으로 내세우기까지 했지요. 그러니 아동노동은 노동자 가족이나 고용주 입장에서 지극히 합리적인, 무서울 정도로 합리적인 이유로 널리 수용되었을 겁니다.

하지만 정작 아동들에게 그 노동은 무척 힘겨웠습니다. 상상해보세요. 수천 대의 방적기가 귀가 먹먹할 정도의 소음을 내며 돌아가고 있습니다. 그 거대한 기계 사이를 쉴 새 없이 뛰어다니며 멈춰 있는 기계를 재빨리 바로잡는 일이 얼마나 고됐겠습니까? 감독관에게 욕먹지 않으려고 아이들은 계속 기계 사이를 뛰어다녀야 했을 겁니다. 뛰어가서 막대기로 치고 다시 뛰어가서 치고……. 하루 평균 열네 시간, 어떤 경우에는 열여덟 시간까지 그렇게 일했습니다. 한밤중까지 일하고 집에 돌아와 쪽잠을 자고는 또 새벽부터 나가 그 일을 한 겁니다. 정말 끔찍한 어린 시절이었을 거예요.

그런데 방적기를 만든 기술자는 이 끔찍한 상황을 의도했을까요? 그렇지 않습니다. 아동들이 하루 열여덟 시간씩 뛰어다니는 고통 속에서 살기를 의도했을 가능성은 전혀 없어요. 아크라이트Richard Arkwright 같은 기술자는 일차적으로는 실 생산의 효율성을 높이는 데, 이차적으로는 방적기 발명을 통해 개인적 이득을 얻는 데 관심이 있었을 뿐입니다.

하지만 방적기의 발명은 앞서 말한 것 같은 끔찍한 결과를 가져왔죠. 요컨대 기술적 발명, 특히 사회적 영향력이 큰 기술적 발명은 그 제작자가 의도한 결과('더 효율적인 실의 생산')만 가져오는 경우가 거의 없습니다. 대개 기술적 설계 과정은 기술적 효율성을 높이는 데 집중합니다. 하지만 기술적 산물이 일단 복잡한 사회 속에서 실제로 사용되다 보면 그 사회의 다른 측면과 상호작용하며 애초 제작의도에 없었고 상상조차 못했던 수많은 파급효과(아동노동 같은 부작용)를 가져옵니다. 더럽고 위험한 기계 사이를 오랜 시간 뛰어다니는 아이의 예처럼 기술발전의 역사에서 끔찍한 부작용의 사례는 얼마든지 있습니다.

그러나 방적기처럼 효율적인 기계를 제작한 사람과 이런 예상치 못한 부작용은 무관하다는 논리를 펴는 사람도 있을 수 있습니다. 앞서 지적했듯 기술자는 (무기 제작처럼 특별한 경우가 아닌 한) 인류에 해를 끼치는 기계를 만들겠다는 의도를 갖는 경우가 거의 없으니까요. 그들은 단지 튼튼한 기계, 효율적으로 작동하는 기계를 되도록 싸게 만들 방법을 고민합니다. 그 기계가 사회에서 어떻게 활용되는지, 무엇보다도 '아동노동 활용'처럼 비윤리적 방식으로 사용되는지는 기술자가 고려하거나 걱정할 문제가 아닌 거죠.

얼핏 들으면 그럴듯한 논리이지만 실은 그렇지 않습니다. 새로운 기술의 쓰임새를 정확히 예측하는 일은 물론 어렵지만 그렇다고 대체적인 활용 범위를 예측하는 것조차 불가능하지는 않습니다. 예를 들어 방적기가 활용된다면 아동노동이 매력적인 선택지가 되리라는 점을 예상하는 일은 당시 경제적·사회적 조건을 고려할 때 별로 어려운 일이 아니었습니다. 방적기 설명서에 이 기계는 너무나 간단히 작동할 수 있어 어린이도 조작할 수 있다는 친절한 해설까지 담지 않았습니까. 이 설명서는 물론 '기술자'가 작성한 겁니다.

'아동노동'은 방적기를 제작한 기술자가 충분히 상상할 수 있었던, 그리고 실제로 상상했던 사회적 파급효과였습니다. 다만 그 시절 방적기를 제작한 기술자를 비롯해 사회 전반에 '그 파급효과가 나쁘다'라고 생각할 만큼의 도덕적 감수성이 부족했던 것뿐입니다.

최근 공학 교육 및 실천에서 설계 과정의 중요성이 부각되고 있습

과학은 이것을 상상력이라고 한다

니다. '공학설계'란 단순히 기술적으로 뛰어나고 경제성을 갖춘 인공물을 디자인하는 작업이 아닙니다. 그 인공물이 어떤 환경에서 어떤 사람들에 의해 사용될지를 예상하고 그 환경에서 인공물이 가장 적절하고 바람직한 방식으로 효과를 내는 데 필요한 요인들을 포괄적으로 고려하는 작업이지요. 예를 들어, 부품을 구하기 어려운 저개발국에서 사용될 기계라면 효율성이나 성능을 다소 희생하더라도 디자인 자체를 되도록 간단하고 직관적으로 만들어 현지인들이 더 쉽게 수리해가면서 쓰게 하려는 노력이 필요합니다. 이렇듯 바람직한 공학설계 과정에는 기술개발 과정에서 의도하지 않았던 부작용이 나타날 가능성을 고민하고 이에 대한 예방책을 세우려는 노력도 포함됩니다.

최근 인간의 감정표현을 패턴 분석을 통해 인지하고 그에 맞게 반응하는 감정로봇에 대한 관심이 높은데요. 이런 감정로봇은 현재까지 구축해온 기술 수준에서는 '표준적이지 않은 방식'으로 감정표현을 하는 사람들, 예를 들어 슬프지만 예의상 웃음 짓거나 기쁘지만 짐짓 괜찮은 체하는 사람에게 부적절한 대응을 해 상처를 줄 가능성이 높습니다. 게다가 기술은 우리가 사용하는 것인 동시에 우리의 행동방식을 바꾸기도 한다는 점을 명심해야 합니다. 이를테면 우리 중 누군가는 스마트폰의 음성인식 프로그램이 내 말을 보다 잘 알아듣게 하려고 '특정한' 방식으로 말하는 사람들이 있을 겁니다. 이것도 기술의 사용에서 일종의 '강제된 자발성'의 사례라 할 수 있습니다.

감정로봇이 사회 전반에서 널리 활용되는 상황이 되면 우리는 로봇이 규정한 '표준적' 방식으로 감정을 표현해야만 하는 상황에 처할 수

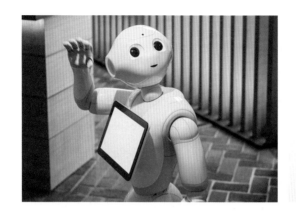

세계 최초의 감정 인식
로봇 페퍼.

도 있습니다. 물론 그때도 '그렇게 하지 않을 자유'는 주어질 겁니다. 하지만 대다수 직장인에게 이메일을 쓰지 않을 자유나 스마트폰을 사용하지 않을 자유는 원리적으로만 존재하는 '비현실적 자유'라는 점을 상기할 때 '강제된 자발성'이라는 상황은 기술이 발전할수록 더욱더 많아질 수밖에 없을 겁니다.

이런 사회문화적 요인을 '상상'하고 그 문제점을 예방하려는 '창의적' 노력이 기술의 개발 및 설계 단계에서 미리 이루어진다면 21세기 기술 기반 사회의 미래는 훨씬 더 바람직한 모습이 될 겁니다.

엔지니어 혹은 공학자 키우기

조금 다른 이야기일 수도 있겠지만, 잠깐 우리가 앞 장에서 언급했던 원론적인 이야기로 되돌아가보겠습니다. 기술technology과 공학

engineering은 어떻게 다를까요?

물론 기술은 인간이 만든 인공물 혹은 그것을 만들어내는 지식과 능력을 의미하는 반면 공학은 자연과학에 대비되는 학문의 이름이라는 점에서 의미상 차이를 찾을 수 있지요. 하지만 '공학자'로 번역되는 엔지니어가 역사적으로 어떤 과정을 거치며 등장했는지를 살펴보면 두 개념 간의 중요한 차이가 잘 드러납니다.

19세기에 만들어진 '과학자'라는 단어와 달리 '엔지니어'라는 단어는 'ingeniatorem'이라는 오래된 라틴어 단어에서 유래했습니다. 이 단어는 '무엇을 만드는 데 재주가 있음'을 뜻했다고 합니다. 그렇다면 당연히 '엔지니어'는 '무엇을 만드는 데 재주가 있는 사람'이 됩니다.

그런데 영어에는 이미 테크니션technician이라는 단어가 상당히 오래 전부터 '기술자'를 가리키는 말로 사용되고 있었습니다. 테크니션은 장인적 기술 혹은 예술의 의미를 갖는 테크네techne에서 온 말이었고, 18세기까지 장인적 기술자는 모두 테크니션이라 불렸지요. 이 테크니션은 대학에서 자연철학(과학) 교육을 받은 사람이 아니라 도제 방식으로 특정 분야의 기술적 지식을 체득한 사람들이었습니다.

그에 비해 엔지니어는 18세기 말부터 이런 테크니션과 대비되는 개념으로 새롭게 등장한 용어입니다. 국가마다 차이가 있기는 하지만, 엔지니어는 테크니션과 달리 대학에서 정식으로 과학 교육을 받고 도로나 항만 건설 같은 국가의 대형 프로젝트에 종사하던 고급 기술자를 가리켰습니다. 이들은 자신이 전통적 의미의 테크니션과 분명히 구별되기를 원했고 그래서 스스로를 엔지니어라고 부르게 된 겁니다.

이처럼 엔지니어들은 과학 교육을 받은 고급 기술자로서 자신들의 정체성을 부각하고자 적극적으로 노력했는데, 국가마다 그 방식에 특색이 있었습니다. 예를 들어 프랑스는 현재도 그렇지만 대학 교육 자체가 상당히 엘리트주의에 입각해 이루어졌습니다. 프랑스혁명 이후 새로운 프랑스 사회를 이끌어갈 공학자가 많이 필요했고 그런 목적에 따라 설립된 학교가 현재도 엘리트 과학 및 산업경제 행정가 양성소로 유명한 에콜 폴리테크니크École Polytechnique입니다.

에콜 폴리테크니크는 직역하면 '기술학교'이지만 수학 교육의 토대 위에 최고 수준의 엔지니어(초기에는 포병 및 공병 장교)를 길러내는 곳이었습니다. 지금도 에콜 폴리테크니크의 '바스티유의 날' 행사에는 과거 군사학교 시절을 연상시키는 퍼레이드가 포함되어 있습니다.

미국의 유명 사관학교 웨스트포인트West Point가 프랑스의 에콜 폴리테크니크를 그대로 모방해 만든 것입니다. 프랑스에서 탄탄한 과학 및 기술 교육을 바탕으로 엘리트 기술자를 양성하는 기관은 이 밖에도 여럿 있습니다. 에콜 데 민École des Mines은 국가의 광산자원 개발을 관리하는 기술자를 키워내고자 만든 국립 광업학교입니다. 이처럼 프랑스는 국가 주도로 고급 기술자, 곧 엔지니어를 18세기 말부터 집중적으로 키워냈고 이들이 전통적 의미의 장인적 기술자와 사회적으로 분리되면서 독자적 공학자 집단을 형성하게 됩니다.

이는 산업계 엔지니어가 협회 같은 민간단체를 통해 자격증을 수여하는 방식으로 정체성을 강화했던 영국과 분명히 대비됩니다. 영국은 기술자들 사이에서 워낙 장인 전통이 강했기에 장인적 기술자를 대체

에콜 폴리테크니크 학생들의 바스티유의 날 행사 퍼레이드 장면.

하는 산업 엔지니어 집단이 따로 등장하기가 매우 어려웠습니다. 게다가 영국은 대학 교육에 대해서도 매우 보수적이어서 19세기 초까지도 잉글랜드에 대학이 딱 두 곳, 케임브리지와 옥스퍼드에만 있었습니다. 런던 대학을 비롯해 잉글랜드의 다른 모든 대학은 19세기 이후 전근대적 대학 제도에 반기를 들고 일어난 일종의 '민립대학' 운동의 결과로 설립되었습니다.

이 운동은 엔지니어 집단 설립과도 관련이 있습니다. 케임브리지와 옥스퍼드에서는 전통 학문만을 배울 수 있었기에 보다 진보적인 스코틀랜드의 대학과 달리 공학 교육은 받을 수 없었습니다. 그래서 산업 발전에 필요한 고급 공학 교육을 적극적으로 원했던 신흥 중산층이 새로운 대학을 세운 것입니다. 이처럼 영국에서는 대학 교육의 변화, 특히 공학 교육의 변화가 당시의 복잡한 정치경제적 이유와 밀접하게 연관됩니다. 그 과정에서 자신을 하급 기술자와 차별화하려는 엔지니어들도 등장했던 것이고요.

새롭게 등장한 엔지니어들이 자신의 정체성을 부여하는 과정에서 쓴 수사적 장치는 자신들이 수학과 과학의 엄밀한 방법론을 활용해 기술적 인공물을 만드는 새로운 종류의 '학자'임을 강조하는 것이었습니다. 그래서 20세기 초까지 공학자들은 자신들이 과학자와 '동등'하다는 점을 강조하려 무진 애를 썼어요. 예를 들어 영국의 엔지니어로서 철도 기술자였던 토머스 트레드골드Thomas Tredgold, 1788~1829 같은 사람은 1828년에 공학이란 자연이 가진 무한한 힘을 인간이 편리하게 활용할 수 있도록 해주는 일종의 기예다, 그런데 그 기예가 엔지니어의 경우에는 수학적이거나 과학적인 지식에 기반하고 있다, 그래서 기존의 기술자나 장인적 기술자와는 다르다는 취지의 말을 남겼습니다. 더 현실적으로, 당시 공학자들은 의사나 법률가처럼 공학자도 전문직으로 인정받도록 하고자 다양한 노력을 기울입니다. 협회에서 자격 조건을 정해 특정 공학 분야의 자격증을 발행하기도 하고 국가에 청원을 넣어 이 자격증의 활용 범위를 확장시키려는 노력도 하고요.

이처럼 영국 엔지니어들은 프랑스와 달리 국가의 적극적 개입 없이 자신들의 정체성을 제도화하고 사회적 지위를 높이고자 노력합니다. 독일도 프랑스를 따라 군사학교에서 엔지니어를 육성하는 방식을 택합니다. 아마도 프랑스와 전쟁이 잦았고 항상 경쟁 관계였기에 국가 주도의 엔지니어 양성 정책을 더 매력적으로 여겼으리라 짐작할 수 있습니다. 그에 비해 미국은 영국과 마찬가지로 엔지니어 집단의 자발적 활동을 통해 사회 속에서 엔지니어와 공학의 위치가 성장합니다.

영국의 엔지니어 토머스 트레드골드.

흥미로운 점은 과학기술 분야에서 미국의 주도권이 강화되고 미국 사회 내에서 엔지니어가 과학자보다 산업적·경제적 영향력이 커지는 20세기 중반 이후부터는 공학이 단순히 '과학의 응용'이 아닌, 과학과 구별되는 여러 특징을 갖는 자율적 영역이라는 생각이 널리 수용되기 시작했다는 겁니다.

앞서 지적했듯 공학설계 과정에서는 단순히 기술적 효율성이나 경제성만이 아니라 다양한 사회적·윤리적 가치가 고려되어야 하기에 이런 인식 자체는 올바른 방향이라 할 수 있습니다. 다만 그런 인식이 공학자의 숫자가 과학자의 숫자를 압도하고 영향력 면에서도 훨씬 막강해졌을 때가 되어서야 비로소 등장했다는 점에서 뭔가 미묘합니다.

이런 배경에서 볼 때 우리나라에서 엔지니어가 어떻게 등장했는지 살펴보는 것도 중요한 일입니다. 특히 우리나라 엔지니어들이 아직까지는 기술개발 과정에서 기술적 효율성이나 경제성에 집중하고 있는데요. 우리나라에서 공학과 엔지니어의 역할을 어떻게 생각해왔는지 역사적으로 살펴봄으로써 그런 경향이 형성된 이유를 많은 부분 해명할 수 있기에 더욱 중요합니다. 이 이야기는 우리나라 상황에서 과학기술적 상상력이 어떤 방식으로 확장되는 것이 바람직한가 하는 문제를 다루며 좀 더 자세히 이야기해보기로 하겠습니다.

11장

와트와 마르코니의
기술적·공학적 창의성

과학이 공학을 낳고 공학이 산업을 낳을까

앞 장에서 살펴보았듯 공학은 장인적 기술에서 스스로 제도적 성장을 이루어나갔습니다. 이 과정에서 공학자들은 자신들의 학문이 전통적 기술자의 지식과 달리 엄밀한 수학과 과학적 지식에 기초함을 강조했습니다. 그렇다고 해서 공학이 단순히 과학을 '응용'한 것이라고만은 볼 수 없습니다. 공학은 그 나름의 독자적 이론 틀과 문화를 갖고 있습니다.

저는 학부 시절 물리학을 전공했는데요. 물리학과에서 듣는 역학mechanics과 공대에서 듣는 역학이 어떻게 다른지 알고 싶어서 기계공학과 수업을 청강한 적이 있습니다. 듣고 나니, 확실히 느낌이 달랐어요. 기본 수식이 다른 건 아니었지만 그 수식의 의미를 설명하는, 혹은 활용하는 방식이 상당히 달랐습니다. 분명히 물리학과 수업에서 들은

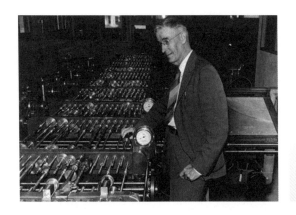

자신이 만든 아날로그 컴퓨터(차분 분석기)를 살펴보는 버니바 부시.

뉴턴 역학이 맞는데, 마치 단어만 몇 개 알아듣는 정도의 외국어처럼 '낯선' 느낌이었어요. 똑같은 뉴턴 법칙으로부터 저렇게 다른 이야기를 이끌어낼 수도 있구나 하고 이해하게 되었습니다.

그러면서 공학에서 배우고 연구하는 내용이 분명 그 시작점은 수학이나 자연과학이지만 그 결과물은 자연과학자들이 추구하는 바와 상당히 다른 방향을 향한다는 점을 깨달았습니다. 만약 그렇다면 공학적 창의성은 과학적 창의성과는 또 다른 차원을 갖겠구나 생각했지요.

과학이 밝혀낸 '자연에 대한 참된 지식'을 활용해 유용한 인공물 artifacts을 만들어내는 것이 기술이고 공학이라는 생각이 일반에 널리 퍼져 있습니다. 제2차 세계대전 후 미국 과학기술 정책의 방향을 제시한 버니바 부시Vannevar Bush, 1890~1974라는 공학자는 그것을 이런 말로 표현하기도 했지요. "과학이 기술을 낳고 기술은 산업을 발전시킨다!"

과학연구를 하면 그 과학연구를 응용해 기술연구를 하고 그 기술

과학은 이것을 상상력이라고 한다

연구결과를 공장에서 생산해내면 그게 산업이 된다는 뜻이죠. 현대적 R&D 개념은 이렇게 탄생했습니다. 버니바 부시의 이 같은 생각을 '어셈블리 라인assembly line' 모형이라 부르기도 합니다. 자동차 공장에서 어셈블리 라인을 따라 부품이 조립되어 최종적으로 자동차가 나오듯 과학이 기초를 놓고 기술이 이를 실용화하면 산업이 그것을 제품화한다는 겁니다. 그렇게 제품화되어 나온 '문명의 이기'들이 우리 삶의 질을 획기적으로 향상시켰습니다.

그런데 직관적으로 너무나도 당연해 보이는 이 모형이 경험적으로 타당할까요? 예를 들어 과학연구를 하면 그 결과의 몇 퍼센트가 기술에 응용될까요? 그리고 기술·공학 연구가 내놓은 결과의 몇 퍼센트가 '산업화'될까요? 마지막으로, 산업화된 제품 중 몇 퍼센트가 삶의 질 향상에 도움을 주었다고 할 수 있을까요?

이런 내용을 경험적으로 검증한 것은 미국에서도 1970년대 들어서입니다. 어셈블리 라인 모형에 입각한 기초과학 연구 관련 투자가 전후 20년 이상 지속된 다음에야 과연 이 모형이 타당한가에 관한 경험적 검증이 이루어진 것이죠. 이러한 검증을 해본 까닭은 이렇습니다. 제2차 세계대전을 통해 미국 국민들은 핵폭탄과 레이더 등 과학연구에 기초해 혁신적 기술발전이 이루어진 수많은 사례를 직접 목도하고 경험했기에 버니바 부시의 생각에 자연스레 동의했었습니다.

그런데 1970년대에 '나중에 얻은 깨달음'이라는 뜻을 가진 '하인드사이트hindsight' 프로젝트를 통해 어셈블리 라인 모형을 검증해보았더니 의외의 결과가 나온 겁니다. 기초과학 연구 중 극히 일부분만 공학적 응용 가치를 갖고 있었고, 공학연구결과 중에서도 산업화와 직결되는 것의 비중은 생각보다 그리 크지 않았습니다. 더 놀라운 것은 공학연구로 산업화가 이루어진 것 중 삶의 질 향상에 기여했다고 평가될 수 없는 것도 많았다는 점입니다.

이 연구결과의 의미를 정확히 이해할 필요가 있습니다. 이 결과는 우리의 삶의 질 향상에 과학과 기술·공학 연구가 별 연관이 없다는 말이 아닙니다. 단지 과학자들이 하는 연구의 대부분은 기술·공학 연구를 통해 삶의 질을 향상하겠다는 목적과 직결되는 게 아니라는 의미죠.

그렇다고 해서 삶의 질 향상과 직결되지 않는 과학연구가 무가치하다는 말도 아닙니다. 하지만 그런 과학연구는 '문명의 이기'를 만드는 데 도움을 주기 때문에 가치가 부여되는 것이 아니라, 인문학이나 예술의 결과물이 그러하듯 인류의 지적·문화적 성취이기에 가치가 부여되는 것이라는 이야기입니다.

공학연구에 대해서도 정도 차이는 있지만 비슷한 평가를 해볼 수 있습니다. 우선 공대에서 이루어지는 학술적인 공학연구는 '물건을 만드는 데' 직접적으로 관련되지 않습니다. 또한 '기계적으로 수행할 수 있는 계산 가능성의 이론적 한계'에 관한 연구처럼 인공물에 대한 추상적 탐색도 산업화와 직결되지 않는 훌륭한 공학연구가 될 수 있습니다.

마지막으로 이 점은 우리 모두 직관적으로 이해할 수 있는 바일 텐데요, 산업화의 모든 결과물이 항상 삶의 질 향상과 직결되지는 않습니다. 이를테면 샴푸의 발명은 분명 삶의 질 향상에 도움이 되었겠지만 이미 수십 종류의 샴푸가 있는데 산업연구로 샴푸 하나가 더 시장에 나왔다고 해서 삶의 질이 얼마나 더 향상되겠습니까?

이처럼 하인드사이트 프로젝트의 결과는 잘 따져보면 그리 이상한 내용도 아닙니다. 과학연구와 공학연구가 분명 산업화를 통해 삶의 질 향상에 기여해왔지만 그렇다고 해서 대부분의 과학연구가 기술·공학 연구를 거쳐 산업화되고 그 결과물이 모두 삶의 질 향상에 기여한 것은 아니라는 이야기니까요.

그런데 왜 우리에게는 버니바 부시의 직관이 그럴듯하게 느껴질까요? 우리가 어셈블리 라인을 '거꾸로' 생각하기 때문입니다. 다시 말해 어셈블리 라인의 시작을 과학연구로 잡는 게 아니라, 이 사회에 널리 퍼져 이미 우리 삶을 혁신적으로 바꾼 '인공물'에서 시작해 인과관계를 거슬러 올라가는 데 익숙해서 그렇습니다.

우리 삶을 혁신적으로 바꾸었고 지금도 바꾸고 있는 휴대전화를 생각해보죠. 휴대전화가 전자공학의 혁신적 발전 없이 만들어진다는 건 불가능한 일입니다. 그리고 그 전자공학의 혁신적 발전은 노벨상이 여럿 수여된 수많은 기초과학 연구가 없었다면 역시 불가능했을 겁니다. 더 많이 거슬러 올라가면 맥스웰의 전자기학이나 헤르츠의 전자기파 실험까지 갈 수 있겠지요. 이처럼 현재 우리 삶에서 중요한 역할을 하는 기술적 인공물의 배경에는 분명 그와 연관된 과학연구와 기술연구가 존재합니다.

하인드사이트 프로젝트의 결과 역시 이런 사실을 부인하지는 않습니다. 다만 이렇게 성공적으로 과학연구에서 산업화로 이어지는 경우가 전체 과학연구에서 비교적 적다는 점, 그러므로 '모든' 과학연구에 골고루 연구비를 지원하는 것보다는 산업화될 가능성이 높은 과학연구와 기술·공학 연구를 잘 선택해 집중적으로 지원하는 것이 사회적 효용을 높이는 방법임을 시사해줄 뿐입니다.

제한된 사회적 자원을 투여해 최대한 생산적인 결과를 얻으려면 '선택과 집중'이 효율적일 수 있다는 생각인 것이지요. 실제로 미국에서는 1970년대부터 이런 시사점을 반영해 정부 주도로 특정 주제의 과학·의학 및 기술·공학 연구를 집중 지원하는 연구정책이 시행되었습니다.

차세대 먹거리를 제공해줄 연구

우리나라도 이런 방향에서 정부 주도하에 특정 분야의 과학기술 연구를 집중적으로 지원하고 관련 산업화를 육성하는 방식을 택해왔습니다. 정부가 '차세대 먹거리'를 제공해줄 수 있는 새로운 연구주제를 찾고 있다는 말을 간혹 대중매체를 통해 들은 적이 있을 겁니다. 이렇게 '유망한' 주제와 분야를 정해 관련 과학연구와 이어지는 기술·공학 연구 그리고 최종적으로 산업화까지 연계해 집중적으로 투자하는 것이 국가 주도의 과학기술 연구에서 대세가 된 것이지요.

그런데 상황을 복잡하게 만드는 점은 이렇게 '유망한' 주제를 정해 집중 투자하는 방식 역시 항상 성공을 보장하지는 못한다는 사실입니

과학은 이것을 상상력이라고 한다

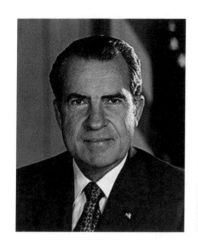

미국의 닉슨 대통령.

다. 그 이유는 크게 두 가지죠. 첫째는 미래는 불확실하기에 어떤 주제가 '유망'할지 정확히 예측하기가 어렵기 때문입니다. 예컨대 미국의 닉슨 대통령은 1971년 대중매체를 통해 "암과의 전쟁"을 선포하고 엄청난 연구비를 투여해 암 관련 기초의학 연구와 치료 및 재활 연구를 지원했습니다.

당시는 암에 대한 화학치료가 상당한 효과를 내고 있었기에 충분히 많은 연구비가 투자된다면 얼마 지나지 않아 암을 '정복'할 수 있으리라는 낙관론이 연구자들 사이에 널리 퍼져 있었습니다. 하지만 현재 암 연구자들은 1971년 선포된 "암과의 전쟁" 결정은 시기상조였기에 실패할 수밖에 없었다고 대체로 평가합니다. 왜냐하면 1990년대 이후 밝혀진 암의 유전학적 발생 기전에 대한 이해 없이 암 연구의 획기적 발전을 이루기란 애당초 불가능하다는 판단 때문이지요. 그러나 이런 사실은 오직 연구가 충분히 진행된 이후 '사후적으로만' 알 수 있습니다. 이처럼 과학기술 연구에서는 현 단계에서 유망한 주제가 반드시 생산적 결과를 가져오는 것은 아닙니다.

연구의 미래를 예측하는 일의 어려움에는 더 근본적인 측면도 있습니다. 현재 유용한 기술적 인공물의 상당수가 과학연구 단계에서는 그 유용성을 짐작하기조차 어려운 연구로부터 도출되었다는 사실이죠. 우리가 길을 찾는 데 매우 유용하게 쓰는 GPS 장치 자체는 베트남 전쟁에서 전투를 더 효율적으로 수행하기 위한 미군의 기술연구로부터 만들어졌습니다. 여기까지는 분명한 목적성을 지닌 군사연구의 방향성이 생산적 결과를 가져왔다고 할 수 있습니다.

하지만 사실 이 장치가 작동하는 근본 원리는 아인슈타인의 상대성이론입니다. 비록 아인슈타인이 기술특허도 여럿 가진 실용적 태도를 지닌 물리학자이긴 했어도, GPS 장치에 자신의 이론이 사용될 것을 미리 예측했을 리는 없습니다. 이처럼 현재 '유망한' 기술과 연결될 가능성이 별로 없어 보이는 '순수' 과학연구를 통해서도 미래에 GPS 만큼이나 충분히 유용한 기술적 인공물이 탄생할 가능성을 배제할 수 없습니다.

결국 과학연구와 기술·공학연구 사이의 관계가 우리의 기존 상식과 달리 상당히 복잡하다는 점을 알 수 있죠. 단순히 과학지식을 '응용'한 것이 기술·공학이라고 생각하기 쉽지만 그렇지만은 않다는 것입니다. 사회적으로 중요한 영향력을 미치는 기술적 인공물의 배경에는 거의 예외 없이 관련된 과학지식이 있지만, 모든 과학지식이 곧바로 기술적·공학적 연구에 활용되는 것도 아니고 과학지식을 단순히 적용하기만 하면 곧바로 기술적 인공물이 튀어나오는 것도 아닙니다. 위대한 기술적 인공물에는 과학지식에 더해 기술자들과 공학자들의 탁월한 창의성이 담겨 있습니다.

제임스 와트, 증기기관 수리공에서 증기기관의 아버지로

제임스 와트James Watt, 1736~1819는 1차 산업혁명에서 결정적 역할을 수행했던 증기기관을 '혁신적으로 개량'한 사람으로, 흔히 '증기기관의 아버지'로 불립니다. 일부 사람들은 와트가 증기기관을 '처음' 발명한 사람으로 알고 있는데 이는 사실이 아닙니다.

와트가 성장했던 18세기 영국에서는 주로 도제 수련을 통해 기술을 습득했습니다. 자연스럽게 와트도 청년기에 당시 광산에서 사용되던

초기 증기기관 중에서 가장 널리 사용된 뉴커먼 기관.

뉴커먼 기관Newcomen engine이라는 증기기관을 수리하면서 증기기관의 작동 원리를 배웠습니다. 그림에서 '뉴커먼 기관'을 보면 무슨 도자기 굽는 가마처럼 생겼죠?

증기기관이란 증기를 사용해서 동력을 얻는 기관입니다. 그런 기계 장치는 와트 이전에도 수없이 다양한 디자인으로 이미 많이 만들어져 광산에서 지하수를 퍼 올리는 작업 등에 쓰이고 있었습니다. 그런데 당시 증기기관은 열효율이 너무 낮았습니다. 들어가는 열에너지 중 실제 작업에 활용되는 비율이 채 20퍼센트도 되지 않았죠. 게다가 기관이 너무 복잡하게 설계되어 고장이 잦았습니다.

와트는 이런 고장 난 증기기관을 수리하면서 고장의 주요 원인이 증기로 가열하는 부분과 그다음 동작을 위해 물을 부어 식히는 부분이 같은 장치이기 때문이라는 결론을 얻었죠. 그래서 자신이 직접 새로운 증기기관을 고안합니다. 다음 그림이 와트가 고안한 증기기관입니다. 그림 왼쪽에 C로 표시된 콘덴서와 아래쪽에 E로 표시된 실린더가 분리되어 있는 게 보이시죠? 이 점이 중요합니다.

와트 이전의 증기기관은 실린더의 공기를 증기로 팽창시켜 실린더를 위로 올린 후 그다음 공정을 위해 실린더를 밑으로 내리려고 찬물을 실린더에 직접 부었습니다. 이러다 보니 실린더 자체가 뜨거웠다 차가웠다를 반복할 수밖에 없어 열효율도 낮고 고장도 잦았죠.

와트는 증기기관 개선에 착수하면서 바로 이 부분에 주목했습니다. 이렇게 설명하니 너무나 단순한 '좋은 아이디어'처럼 보이죠? 하지만 과학연구와 마찬가지로 기술 연구에서도 이런 '좋은 아이디어' 자체를

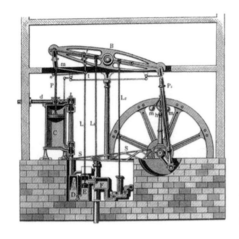

실린더(E)와 콘덴서(C)를 분리한 와트의 증기기관

명료화하고 이를 기계장치로 구현하는 데는 굉장히 오랜 시간이 필요합니다. 와트도 실린더와 콘덴서를 분리하는 핵심적 아이디어에서 출발해 실제 개량된 증기기관을 만들어내기까지 10년 이상 노력해야 했으니까요.

단순히 시간만 많이 투여한다고 되는 일도 아니고, 관련 경험(광산에서 증기기관을 수리하면서 증기기관의 다양한 작동 방식에 익숙해진 경험)도 축적되어 있어야 합니다. 기술적·공학적 창의성은 이처럼 '좋은 아이디어'를 관련 경험과 오랜 노력을 통해 인공물로 번역해내는 능력이라 할 수 있습니다.

이러한 노력 끝에 와트의 증기기관은 열효율을 약 40퍼센트까지 올리는 엄청난 혁신을 이룩합니다. 그런데 와트는 자신의 개량 증기기관의 유용성을 높이고자 이후로도 끊임없이 노력하죠. 관련 기술을 스스로 개발하거나 다른 기술자의 특허를 구입하는 방식으로요. 이를테면 상하운동밖에 못하는 실린더의 동력을 회전운동으로 바꿀 수 있는 조속기調速機를 만들어 활용도를 높입니다. 당시 공장에서는 방적기 등을 돌리기 위해 다양한 속도의 회전운동이 꼭 필요했거든요.

그러니 증기기관에서 회전운동을 만드는 장치가 중요했던 거죠. 증기기관이 광산을 넘어 산업혁명의 현장이라 할 수많은 공장으로 퍼져나가려면 새로운 활용 장소가 필요로 하는 기능을 보완적으로 만들어 넣어주어야 하는 거죠. 그 점을 간파한 와트는 광산에서만 사용되는 특수 기계가 아니라 동력을 필요로 하는 모든 장소에서 안정적으로 작동하는 보편기계로서 증기기관을 만들어냅니다.

그러므로 와트의 위대함은 증기기관을 처음 만든 데 있지 않습니다. 또한 증기기관의 열효율을 획기적으로 높였다는 데 한정되지도 않습니다. 그보다는 증기기관이 산업혁명 시기의 영국 사회에서 다양한 보완장치와 결합해 보편기계로 쓰일 수 있도록 '시스템'을 구축하는 일이 결정적으로 중요함을 깨닫고 이를 실천했다는 데 있죠. 이 과정에서 와트는 기술적 측면에선 자기보다 더 유능한 윌리엄 머독William Murdoch, 1754~1839이라는 기술자와 협업하기도 하고, 매슈 불턴Matthew Boulton, 1728~1809이라는 사업가와 제휴하기도 하며, 의회에 지속적으로 청원을 넣는 정치적 수완까지 발휘합니다.

와트를 비롯해 위대한 기술자들과 공학자들은 자신이 만든 기계에 대한 종합적 비전을 제시하는 경우가 많았습니다. 그리고 그들은 자신들이 성공적으로 푼 문제(개량된 증기기관)를 어떤 방식으로 확장할

수 있는지(산업혁명기의 증기기관 시스템) 파악하고 이를 실천했습니다. 기술의 내용이 혁신적이라고 해서 무조건 사회를 바꿀 수 있는 것은 아닙니다. 와트처럼 뛰어난 비전을 가진 기술자나 공학자가 여러 이해관계자와 연합해 그 기술을 사회 전체에 시스템으로 작동할 수 있게 만들어야 그 일이 가능합니다.

마르코니와 와트가 발명자 지위를 얻은 요인

기술 시스템을 구축함으로써 우리 사회를 바꾼 또 다른 사례를 굴리엘모 마르코니Guglielmo Marconi, 1874~1937에게서 찾을 수 있습니다. 마르코니를 이야기하기 전에 와트와 마르코니 두 사람 모두와 관련된 이야기를 먼저 해보겠습니다.

와트가 증기기관을 처음 만든 사람이 아니라 '획기적으로 개량'한 사람인데 왜 우리는 증기기관 하면 와트부터 떠오르는 걸까요? 여기에는 기술발전과 관련된 중요한 이유가 있습니다. 와트 이전에는 증기기관을 참 다양한 방식으로 만들었습니다. 혹시 유럽에 가게 된다면 영국이든 독일이든 기술박물관에 가서 거기 전시된 와트 이전의 증기기관을 꼭 한번 살펴보기를 바랍니다. 별 희한한 디자인의 증기기관이다 만들어졌었구나 하는 걸 알게 될 겁니다.

그런데 와트가 열효율을 획기적으로 높인 후로는 모든 사람이 와트의 증기기관에서 시작해 그것을 개량하는 방식으로 기술발전을 시도합니다. 와트의 증기기관이 일종의 '표준 디자인'이 된 셈이죠. 그래서 기술박물관에 전시된 와트 이후의 증기기관은 모양이 비슷비슷합니다. 분명 와트 이후에도 수많은 기술적 혁신이 있었지만 증기기관의 디자인 자체는 거의 그대로 유지된 셈입니다.

기술개발 영역에서는 이런 일이 흔하게 일어나죠. 즉 '증기를 동력원으로 사용하자'와 같이 특정 아이디어가 기술적으로 구현되는 초기에는 설계 방식에 있어 상당한 다양성이 존재합니다. 그러다 특정한 기술적 고안이 탁월하게 효율적이거나 정치적 협약이나 사회문화적 요인에 의해 '표준'의 지위를 얻게 되면, 그 다양성은 급격히 줄어듭니다.

휴대전화가 처음 등장할 때와 비교하면 현재 스마트폰이 대세가 된 상황에서 개별화된 무선통신 장치의 다양성은 엄청나게 줄어들었습니다. 스마트폰은 이제 대충 다 엇비슷하잖아요? 그런 의미에선 와트를 '증기기관의 발명자'라고 부르는 게 맞을 수 있습니다. 다만 이때 증기기관은 '우리에게 익숙한 표준화된 형태의 증기기관'을 줄인 말로 이해해야 합니다. 이 증기기관을 와트가 '발명'한 것은 맞거든요.

이것이 기술개발에서 나타나는 일반적 패턴입니다. 상식적 수준에서 무슨무슨 기술을 처음 발명한 사람으로 알려진 사람은 실제로 개념적 의미에서 그 기술을 처음 발명한 사람이라기보다 현재 우리에게 익숙한 그 기술의 '표준 디자인'을 처음 만든 사람인 경우가 대부분입니다. 흔히 '무선전신의 아버지'로 불리는 마르코니도 그런 사례의 주인공입니다. 마르코니 이전에도 무선전파를 이용해 통신을 주고받는 장치를 만든 사람은 여럿 있었어요. 하지만 마르코니가 유일하게, 이후 제가 설명할 여러 이유로 현재 우리가 '무선통신' 하면 떠올리는 대부분의 기술적 특징과 상식적 기대를 실현시킨 사람입니다.

마르코니, 무선전신의 정체성을 재규정하다

마르코니는 이탈리아 북부의 부유한 집안에서 태어나 어린 시절부터 돈 걱정 없이 화학 실험이나 전기 실험을 마음껏 할 수 있었습니다. 당시에 이미 유선통신은 상용화되어 있었는데, 마르코니를 포함한 여러 사람이 헤르츠Heinrich R. Hertz, 1857~1894의 실험결과를 보고는 선 없이 전자기파만으로 통신을 할 수 있으리라 기대했습니다.

헤르츠는 1미터 정도 거리에서 전파를 보냈지만 마르코니는 끊임없는 시행착오를 거치며 통신 거리를 수십 수백 미터까지 늘립니다. 당연히 마르코니만 이렇게 전파 송수신 거리를 늘렸던 것은 아닙니다. 마치 스포츠에서 신기록을 달성하려고 각국의 운동선수들이 경쟁하듯 수많은 기술자와 과학자가 치열한 경쟁을 벌였죠.

이 경쟁에서 마르코니가 늘 압도적으로 승리했던 것은 아닙니다. 송수신 거리만으로는 마르코니를 앞서는 사람도 나타나곤 했죠. 그렇다면 다른 무선통신 기술자들과 마르코니의 차이점은 무엇이었을까요? 마르코니는 무선통신을 아마추어 기술자들 간 경쟁이 아닌 사회적 유용성을 증명해 큰 투자를 받고 상업화할 대상으로 일찌감치 규정했다는 점이 남달랐습니다.

마르코니는 영국인이었던 어머니의 지인을 통해 영국 해군제독과 친분을 맺고는 자신의 (아직 완성되지도 않은) 무선통신 기술을 해군에 팔고자 시도하기도 했습니다. 안개가 많이 끼는 영국에서는 배가 항구에 접근할 때 시야 확보가 안 되어 사고가 나곤 했거든요. 마르코니는 그런 경우 무선통신을 이용해 배의 안전한 접근을 도울 수 있는 기술이 있다면 해군 입장에선 아주 매력적일 것이라 판단했죠. 이처럼 마르코니는 자신의 기술적 고안물(무선통신)의 사회적 수요가 어디에 있는지, 그런 사회적 수요를 위해 자신의 기술개발 방향을 어떤 방식으로 조정할지 등을 기술개발 초기부터 신경 썼습니다.

마르코니의 특별함은 한 가지가 더 있습니다. 그는 다른 기술자들과 달리 무선통신을 틈새시장이라고 생각하지 않았습니다. 지금이야 웬만하면 다 무선통신을 사용하지만 이때만 해도 보통 사람은 물론이고 기술자들조차 그렇게 생각하지 않았어요. 일단 '통신'은 기본적으로는 유선으로 하는 것인데 혹 유선이 잘 작동하지 않을 때에만 무선통신을 이용하는 것으로 여겼죠. 마르코니도 처음에는 그렇게 생각했

자신이 만든 무선전신 장치 앞에서 포즈를
취한 젊은 마르코니.

어요. 하지만 영국 해군과의 가격협상이 잘 안 돼 거래가 결렬되자 마
르코니는 새로운 투자자를 찾아 미국으로 건너갑니다.

그 무렵, 마르코니 입장에서 보자면 굉장히 유리한 사건이 하나 발
생합니다. '타이타닉호의 침몰'이었죠. 이 비극적인 사건으로 인해 사
람들이 무선통신의 중요성을 인식하게 된 겁니다. 타이타닉호가 침몰
전 무선으로 주변 배에 구조 요청을 보내고 그 근처를 지나던 배가 그
신호를 받아 구조하러 왔기에 그나마 인명 피해가 줄어들 수 있었거
든요.

이 사실이 대서특필되면서 무선통신의 중요성이 대중적 공감을 얻
습니다. 마르코니 입장에서는 별다른 노력을 들이지 않고 무선통신에
대한 대중의 기술수용성을 높인 결과가 된 것이죠. 이때 마르코니는
당시로선 기술적으로 불가능하다고 여겨지던 제안을 합니다. 대서양

을 가로질러 미국과 유럽 사이의 무선통신을 하겠다는 제안이었죠.

당시 실현된 무선통신이 수 킬로미터 수준이었는데 대서양을 가로질러 통신을 하겠다고 하니 모두들 그게 가능하겠느냐며 비웃었습니다. 게다가 '전파'는 발생 지점에서 사방팔방으로 흩어지는 특징이 있어 둥근 지구의 특정 지점에서 전파를 쏘면 그 근처에서나 잡힐 뿐 대부분의 전파는 우주공간으로 날아가버릴 것이라는 이론적 비판도 강력히 제기되었습니다.

그런데 마르코니는 전파가 지표면을 따라 이동할 수 있기에 둥근 지구 반대편에서도 통신이 가능하다고 봤습니다. 마르코니의 이런 판단은 과학적으로는 '틀린' 것이었습니다. 그런데 마침 '지구가 도와줘서' 마르코니는 과학적 오류에도 불구하고 대서양 횡단 무선통신을 성공시킬 수 있었습니다.

당시 아무도 모르고 있었던 사실이 하나 있었거든요. 지구의 대기층 위에 전파를 '반사'하는 전리층電離層이 있다는 그 점이죠. 이온화된 입자들로 구성된 전리층 덕분에 미국에서 전파를 쏘면 전리층에 튕겨 둥근 지구의 다른 편인 유럽에서도 전파를 수신할 수 있었던 겁니다! 물론 전리층이 전파를 반사하는 방식이 불안정해 요즘은 전리층에 의존하기보다는 인공위성을 사용해 국제 무선통신을 합니다. 이 사실을 마르코니를 비롯한 어느 누구도 그땐 몰랐죠. 그러니 마르코니는 엄청나게 운이 좋은 사람이었다고 할 수 있습니다.

마르코니는 단순히 운이 좋았던 것이지만, 제트엔진처럼 특정 시기의 배경 과학지식에 입각해선 '불가능하다'라고 판단된 기능을 기술자와 공학자들이 기술적 인공물로 구현해낸 예는 여럿 있습니다. 이는 특정 시기의 과학지식이 불완전하기 때문에 생긴 일이지만 공학지식이 과학지식으로부터 부분적으로 자율성을 획득할 수 있음을 보여주는 사례이기도 합니다.

기술자와 공학자들은 종종 과학이론의 견지에서는 불가능해 보이는 기술적 인공물을 만들어냄으로써 기술과 관련 과학을 동시에 발전시킵니다. 하이젠베르크가 원리적으로 불가능하다고 생각했던 '원자를 보는 일'을 STM Scanning Tunnelling Microscope이라는 장치로 가능하게 만든 물리학자-공학자 연구팀의 성과 또한 좋은 사례입니다.

마르코니가 무선통신을 통해 보여준 기술적 비전의 위대함은 그가 무선통신을 현재 우리가 이해하듯 유선통신을 대체하는 '보편기술'로 파악했다는 데 있습니다. 와트와 마찬가지로 마르코니는 자신의 무선통신 기술이 사회 곳곳에 퍼질 수 있도록 보완기술을 스스로 개발하거나 특허권을 사들여 무선통신 시스템을 건설했습니다. 마르코니가 뛰어난 기술자였던 것은 사실이지만, 마르코니의 사회적 영향력은 그의 기술적 뛰어남보다는 성공적으로 작동하는 시스템 건설자로서 탁월한 역할을 보여준 데서 찾아야 할 것입니다.

12장

위대한 성취를 위한
네 가지 비결

뛰어난 상상력을 만드는 네 가지 핵심

실제 과학기술 연구에서 상상력이 활용되는 방식은 생각보다 훨씬 복잡합니다. 여러 번 이야기했지만, 단순히 기존의 틀을 벗어나 새롭고 신기한 방식으로 과감히 상상의 나래를 펼치기만 하면 되는 일이 아니지요.

특히 후대에 큰 영향을 끼친 '천재적' 연구일수록 해당 연구를 수행한 과학자와 기술자는 수많은 제한조건, 어떤 경우 모순처럼 보이는 두 가지 제한조건을 동시에 만족시키며 문제를 풀어낸 사례가 대부분입니다. 실린더가 차가운 동시에 뜨거워야 한다는 제한조건을 실린더와 콘덴서의 분리로 해결한 와트는 이런 의미에서 토머스 쿤이 말한 '본질적 긴장' 관리의 달인이었다고 평가할 수 있습니다. 또 마르코니의 사례처럼, 문제 자체를 잘 푸는 능력만이 아니라 자신의 해결책이

정말 좋은 것임을 사회적 차원에서 설득할 수 있는 능력도, 과학기술 연구에서 결정적 역할을 하는 경우가 많습니다.

심리학자 미하이 칙센트미하이Mihaly Csikszentmihalyi, 1934~ 는 과학·예술·인문 등 다양한 분야에서 뛰어난 성취를 이룬 사람들을 오랜 기간 인터뷰해 그들이 발휘한 창의성의 원천이 무엇이었는지 연구했습니다. 당연히 분야마다 창의성 혹은 그 분야에 고유한 '뛰어난 상상력'은 조금씩 달랐습니다. 그럼에도 분야를 가로지르는 전형적 특징은 있었지요. 칙센트미하이의 연구결과를 지금까지 우리가 다룬 이야기와 결합하여 창의적 과학기술 연구의 핵심적 특징을 살펴보겠습니다.

비판적으로 읽고 이해한다

앞서 살펴보았듯, 뉴턴과 아인슈타인을 위대한 성취로 이끈 데는 '비판적으로 읽고 이해하는 것'이 결정적으로 중요했습니다. 여기서 '비판적'으로 읽고 이해하라는 말은 '치밀하게 평가'한다는 말임을 강조해야겠습니다. 다른 사람의 연구를 이리저리 뜯어보고 어떤 면에서 장단점이 있는지, 다른 개념과 어떻게 연결되는지, 구체적으로 어떻게 활용할지 등을 다각도로 살펴보는 것을 '비판'이라고 합니다.

그런데 일상의 대화에서는 종종 '비판'이 '비난'과 동일시됩니다. 그래서 책을 읽고 토론하는 시간에 학생들에게 책 내용을 '비판적'으로 검토하라고 하면 대개 이런저런 점이 '문제'라는 말을 잔뜩 늘어놓습니다. 물론 책의 단점을 찾는 일도 비판의 일종임은 분명하지만, 비판은 기본적으로 '분석적 평가'를 가리키는 말임을 기억해야 합니다.

비판적으로 읽고 이해하는 과정에 내포된 두 번째 중요한 측면은 '다른 내용과 연결'하는 것입니다. 다른 학자들의 연구를 비판적으로 살펴보고 그것이 시사하는 바를 그 학자들은 미처 생각지 못했던 내용과 연결 지어 따져보는 겁니다.

뉴턴은 대학 시절 선배 학자였던 데카르트의 역학이나 수학 책을 아주 꼼꼼히, 자신의 생각을 덧붙여가며 읽었습니다. 이런 방식으로 뉴턴은 당대 최고의 자연철학자를 넘어설 수 있었죠. 처음에는 데카르트 방식으로 세계를 이해하고자 노력했고, 그러고 나서는 데카르트를 넘어선 겁니다.

아인슈타인도 마찬가지였습니다. 흔히 아인슈타인은 공부는 못했지

만 천재적인 과학자였다고 말합니다. 이것이 굉장한 오해라는 점은 이미 설명했습니다. 아인슈타인은 실험에 몰두하는 등 다른 일을 하느라 시험공부를 안 했던 것이지, 물리학 이론을 제대로 모르고서야 결코 천재적인 물리학자가 될 수 없죠. 아인슈타인은 시간을 효율적으로 쓸 줄 안다는 장점이 있었고, 그래서 자기 연구에 필요한 실험과 이론이 지닌 문제의 핵심을 잘 파악했습니다.

로런츠라든가 푸앵카레 같은 사람은 기존의 물리학 체계를 어떡하든 그대로 둔 채 임시방편으로 문제를 해결하려 했죠. 반면 아인슈타인은 시공간의 구조를 바꾸어 재설계함으로써 문제를 해결하는 데 좀 더 근본적으로 기여했습니다. 하지만 아인슈타인이 그런 생각을 어느 날 갑자기 해낸 것은 아닙니다. 아인슈타인도 노트 정리를 잘하는 사람이었어요. 그는 오랜 기간 이 생각 저 생각을 노트에 정리하면서 시행착오와 오류를 거친 끝에 거기 도달했습니다. 결국 여러 단계를 밟으며 기존 이론을 비판적으로 읽는 과정에서 거기에 입각해 새로운 이론을 제안할 수 있는 능력이 생긴 것입니다.

집요하게 문제에 도전한다

뉴턴이나 아인슈타인은 분명 대다수 사람들보다는 수학적 능력이나 물리학적 통찰력이 '천재적'이었습니다. 하지만 그들도 진짜 어렵고 중요한 문제를 해결하려면 어마어마한 시간과 노력을 들여야 했지요. 그리고 그 과정에서 수많은 좌절을 겪습니다. 위대한 과학자나 기술자 가운데 문제를 받자마자 손쉽게 척척 그 자리에서 해결해내는 사람은 없습니다. 그건 정해진 시간 내에 이야기를 마무리 지어야 하는 영화에서나 가능한 설정이지요.

뉴턴의 광학 연구가 좋은 예입니다. 뉴턴은 1662년에 케플러의《광학Dioptrice》(1611)을 아주 꼼꼼히 비판적으로 읽고는 장단점을 분석하고 주석도 달아가면서 열심히 공부합니다. 그렇지만 그때로부터 40여 년 뒤인 1704년에야 자신의 광학 책을 출판합니다. 물론 그사이 뉴턴이 광학 연구만 했던 것은 아닙니다. 하지만 뉴턴 정도 되는 지적 스케일을 지닌 사람조차 실제로 어떤 체계를 바꾸는 혁신적 연구를 수행하는 데는 엄청난 시간과 노력이 필요하다는 겁니다.

아인슈타인도 그렇습니다. 아인슈타인은 1905년 특수상대성이론을 발표하고 얼마 지나지 않아 일반상대성이론의 핵심 아이디어를 착안

뉴턴이 윌리엄 브릭스 박사에게 자신의 새로운 시각 이론에 관해 쓴 편지.

합니다. 스스로 '운 좋은 생각'이라고 부른 멋진 아이디어였죠. 일반상대성이론에 대한 대중적 설명을 보면, 이 멋진 아이디어에서 (아인슈타인처럼 머리가 좋은 사람이면 누구나) 자연스럽게 일반상대성이론을 술술 도출해낼 수 있을 것처럼 설명합니다. 하지만 그 멋진 아이디어에서 완성된 형태의 일반상대성이론을 이끌어내기 위해 아인슈타인은 10년 이상 고통스러운 이론적 탐색 작업을 수행해야 했습니다. 게다가 그 과정에서 적잖은 시행착오를 거쳤지요. 그것도 공개적으로 '틀린' 이론을 자신만만하게 발표하고는 스스로 그 오류를 발견해 다시 새로운 이론을 만들어내는 과정을 여러 번 반복하는 식으로요.

아인슈타인의 위대함은 이런 뼈아픈 실패에도 불구하고 그 문제를 지독하다 싶을 정도로 집요하게 파고들었다는 점입니다. 어린 시절 카드로 13층탑을 쌓던 사람이잖아요. 실제로 일반상대성이론을 완성하던 마지막 단계에서는 3개월 동안 방에서 거의 나오지 않았답니다. 당시 두 번째 부인 에바에게 절대로 연구를 방해하지 말라고 당부하고, 3개월 동안 식사도 제대로 하지 않고 일반상대성이론을 완성합니다. 그러고는 바로 병원으로 실려 갔지요.

일반상대성이론은 우주의 거시적 구조를 경험적으로 잘 설명하는 동시에 수학적으로도 아름다운 구조를 지닌 이론으로 정평이 나 있습니다. 천재라고 해서 그런 이론을 순식간에 만들 수 있는 것은 아닙니다. 과학기술 연구에서 정말 뭔가 해내는 능력은 결국 끈기 있게 집중해 얼마만큼 그 연구를 끝까지 끌고 갈 수 있는가에 달렸습니다. 그러니 창의적 과학기술 연구를 해내려면 머리만큼이나 체력이 정말로 중요합니다. 그리고 엄청난 노력을 통해 얻어낸 결과물이 오류로 판명이 날 때 그 좌절감을 이기고 다시 도전할 수 있는 '멘탈'도 정말로 중요합니다.

역시 연관된 이야기인데, 경쟁의 압박감에 짓눌리지 않고 이를 생산적으로 활용하는 능력도 중요하죠. 아인슈타인은 일반상대성이론의 최종적 형식을 얻는 과정에서 자신보다 수학적으로 훨씬 뛰어난 당대 최고의 수학자 헤르만 바일Hermann Weyl, 1885~1955과 경쟁했습니다.

몇 달 간격으로 상대방을 뛰어넘는 연구결과를 발표할 정도로 두 사람의 경쟁은 치열했지요. 이런 상황이라면 보통은 경쟁에서 밀리지 모른다는 조바심과 초조감으로 정작 일에 집중하기가 어려울 겁니다. 하지만 뛰어난 과학기술적 창의성을 발휘한 과학자나 기술자는 치열한 경쟁 상황에서도 엄청난 집중력을 발휘해 경쟁자보다 조금 먼저

최종 결과에 도달합니다. 마르코니도 상용 무선통신 개발을 두고 벌어진 경쟁에서 뛰어난 집중력을 발휘해 앞서 나갈 수 있었잖아요.

주의 깊게 관찰한다

일반적으로 창의적인 사람은 다른 사람이 보지 못하는 것을 보는 사람이라고 합니다. 하지만 이 말의 의미를 정확히 이해해야 합니다. 아인슈타인처럼 창의적인 사람도 당대 동료 과학자가 전혀 모르는 사실을 알고 있었기에 창의적이었던 것은 아닙니다. 그보다는 누구나 알고 있는 현상과 이론에 대한 지식에서 다른 사람들이 주목하지 않았던 측면에 주목할 줄 알았던 것이지요.

예를 들어 어떤 상황에서도 빛의 속도가 일정하게 측정된다는 사실은 20세기 초에도 잘 알려져 있었습니다. 맥스웰 방정식과 뉴턴 역학이 서로 모순이라는 사실도 알려졌고요. 아인슈타인만 특별히 아는 실험결과나 이론이 있었던 것도 아닙니다.

그런데 왜 아인슈타인만 해결책을 찾아낼 수 있었을까요? 다른 학자들과 달리 아인슈타인은 시간과 공간을 이해하는 방식을 재규정함으로써 문제를 해결하려 했습니다. 새로운 관점을 통해 이전까지는 서로 별 관련이 없어 보이던 사실들 사이의 '숨겨진' 연관관계를 파악해내는 일은 그만큼 중요합니다.

여기서 '숨겨진' 연관 관계란 누가 일부러 숨겨놓았다는 의미가 아닙니다. 다른 사람들은 개별 사실만 보는 데 비해 아인슈타인처럼 뛰어난 '과학적 상상력'을 가진 사람만이 볼 수 있는 연관관계라는 의미로 한 말입니다. '숨겨진' 연관관계를 본다는 것은 굳이 어려운 과학 내용을 소개하지 않더라도 뛰어난 추리소설 한 편만 읽어봐도 알 수 있습니다. 물론 작가가 미리 치밀한 구성에 따라 펼쳐놓은 것이긴 하지만, 독자 입장에서는 소설 앞부분에서 혼란스럽게 제시된 여러 단서나 무의미해 보이는 사건들이 셜록 홈스 같은 창의적 상상력이 넘치는 탐정에 의해 깔끔하게 정리되면서 '숨겨진' 연관관계가 설명되잖아요. 이 과정을 읽어나가다 보면 감탄을 금할 수 없습니다. 탁월한 과학적 상상력이 발휘된 창의적 과학연구 결과도 정확히 이런 느낌을 줍니다.

다양한 자원을 종합한다

우리는 이공계 출신은 글을 못 쓰고 인문사회계 출신은 과학을 싫어한다는 전형적 이미지에 익숙합니다. 한편 융합연구를 강조하는 사람 중에는 공대생이 인문고전을 한 편 더 읽으면 연구 실적이 곧바로 올라갈 것처럼 말하는 경우도 있습니다. 당연한 이야기지만, 두 생각 모두 사실과 맞지 않는 과장입니다.

과학기술 연구를 포함해 모든 전문적 학술연구를 위해서는 해당 분야의 전문성을 충분히 확보하는 것이 필수적입니다. 모든 분야에 관심을 갖고 골고루 공부하는 것은 본인의 즐거운 지적 생활에 좋을 수는 있어도 창의적 과학기술 연구에는 썩 도움이 된다고 보기 어렵습니다. 하지만 자신이 처한 상황에서 필요에 따라 자신이 익숙하지 않은 주제나 지식을 빠른 속도로 학습하고 그 상황이 제공하는 기회를 생산적으로 활용하는 능력은 중요합니다.

예를 들어, 공대를 졸업해 관련 기술 회사에 들어가 일을 하다가 상품 판매 쪽 사람들과 만날 기회가 많아졌다면 그 기회에 자신의 기술 개발에 마케팅 쪽 시각을 어떻게 반영할 수 있을지 고민해보는 것은 유용한 노력입니다. 아인슈타인이 특허청 경험을 생산적으로 활용해 자신의 물리학 연구를 수행했듯 의외의 지점에서 자신의 연구에 도움이 되는 시각이나 방법을 터득할 수 있기 때문입니다.

실제로 위대한 업적을 낸 과학기술자의 생애를 살펴보면 거의 예외 없이 연구 이전에 그 업적을 쌓는 데 필요한 능력·지식·관점을 익힐 기회가 있었고 그 기회를 최대한 활용했음을 알 수 있습니다. 마르코

아인슈타인(맨 오른쪽)과 함께 '올림피아 아카데미'를 만든 친구들. 콘라트 하비히트와 모리스 졸로비네.

니만 해도 어렸을 때 화학 및 전기 실험을 마음껏 해볼 기회가 있었고 부모님을 통해 사업 경험도 쌓았습니다. 이렇게 여러 자원을 다 동원해야 '천재적인' 일을 해낼 수 있는 겁니다. 학교 다닐 때 시험 성적 좋은 것만으로는 성공적인 과학기술 연구가 이루어지지 않습니다.

아인슈타인이 특허청에 근무할 때 꾸린 소규모 공부모임이 있었습니다. '올림피아 아카데미Olympia Academy'라는 거창한 이름의 모임이었죠. 아인슈타인은 이 모임을 좋아했습니다. 특수상대성이론을 연구하면서 아인슈타인은 아이디어가 떠오르면 다음 날 올림피아 회원들과 이야기를 주고받고 누가 틀린 점을 지적해주면 다시 고민하고 또 검증받는 과정을 거쳤습니다. 아인슈타인 스스로도 특수상대성이론에 대한 자신의 생각이 정합적으로 정리되는 데 올림피아 아카데미 동료들이 큰 역할을 했다고 회고할 정도입니다.

그럼 올림피아 아카데미의 회원들은 어떤 사람들로 구성되었을까

255

요? 특수상대성이론을 만드는 데 건설적 비판을 할 정도였으니 상당히 뛰어난 물리학자이거나 최소한 물리학에 상당한 식견을 가진 자연과학자나 공학자일 것이라 짐작되지요? 전혀 그렇지 않았습니다. 물론 수학자가 한 사람 있기는 했는데 정말로 순수수학을 하는 사람이라 물리학에 관해서는 그다지 아는 것이 없었고, 나머지 사람들은 철학·문학·경영학 등의 배경을 가진 사람들이었습니다. 당연히 아인슈타인에게 물리학이라는 측면에서 도움을 줄 수 있는 사람들이 아니었지요.

그런데도 올림피아 아카데미가 아인슈타인에게 큰 도움이 되었다는 사실은 시사하는 바가 큽니다. 대체로 '연구자'들은 자기 전공에 대한 사랑이 너무 넘쳐서 다른 전공 분야의 견해는 무시하는 경향이 있습니다. 그래서 전공이 서로 다른 사람들과 만나 이야기할 때면 자신의 전공 내용에 입각해 틀린 점만 찾으려 들죠. (자기 전공 기준으로) 상대방이 틀린 이야기를 하면 그다음부터는 아예 귀를 닫아버리기도 합니다. '이렇게 기초적인 것도 모르면서 무슨 의견을 내겠다고 해!' 하는 식이죠. 하지만 다양한 자원을 종합하고 활용하는 과정에서는 그 분야 사람들로부터 내가 얻을 수 있는 것이 무엇인가에 초점을 맞춰야 합니다. 그렇게 하지 않으면 외려 자기가 손해인 겁니다. 다른 분야 사람들이 내 분야 지식에 무지한 건 사실 당연한 일이잖아요.

아인슈타인은 그러지 않았습니다. 바로 그 점이 훌륭한 거죠. 아인슈타인은 복잡한 수학적 내용이 담긴 어떤 수식을 만든 다음, 철학자나 다른 분야 연구자들에게 말해줍니다. 듣고 있던 이들이 자기들은

과학은 이것을 상상력이라고 한다

잘 모르는 분야니까 좀 더 설명을 해달라고 해요. 그럼 아인슈타인은 "아, 이게 설명하기는 쉽지 않지만⋯⋯" 하면서 이건 이렇고 저건 저렇고, 시간이랑 공간이 이렇게 저렇게 되는 것이고 하는 식으로 대강 설명을 해줍니다. 그러면 철학자가 거기서 이런저런 이야기를 하는데, 물론 물리학적으로 따져보자면 틀린 이야기죠. "시간이 꼬여 있다는 거야? 시간이 어떻게 꼬여 있어? 대체 어떻게 시간이 다른 시간하고 접촉을 해?"

이런 질문을 받으면 성미 급한 사람은 대개 짜증부터 낼 겁니다. 하지만 아인슈타인은 이런 경우를 다른 분야 전공자들이 자신의 설명을 어떻게 이해하는지 파악하는 '기회'로 삼았어요. 다른 사람이 잘 모르면서 뭔가를 지적하면 그 입장에서 거꾸로 생각해봄으로써 새로운 아이디어를 떠올리는 것입니다. 전공 안에서 볼 때는 못 보던 것들이 그때 비로소 보이는 거죠.

아인슈타인은 물리학 전문지식이 없는 사람들의 의견을 헛소리로 흘려듣지 않고 '자원'으로 삼았습니다. 그들의 목소리를 통해 시간과 공간이 만들어내는 다양한 상황을 검토할 기회를 가진 덕분에 개념적으로 상당히 안정된 형태의 이론을 만들어낼 수 있었습니다. 사실 우리나라에서 융·복합 연구가 잘 안 되는 건 바로 이런 태도가 부족하기 때문이 아닌가 생각합니다. '전문가주의'에 지나치게 갇혀 있다고 할까요. 다른 분야 사람들이 질문을 던지거나 뭔가를 언급할 때 그들이 개념조차 부정확하게 쓴다며 답답해하는데, 그러기보다는 다른 분야에서는 이 개념을 저렇게 표현하고 이해하는구나 하며 그 이면을 통찰해낼 수 있어야 합니다. 그래야 우리 자신이 성장할 수 있어요.

다양한 지적 배경에서 열린 마음으로 여러 자원을 활용하고자 노력하는 사람들은 종국에 가서는 마르코니처럼 거대 시스템을 구축할 수 있습니다. 칙센트미하이가 발견한 바에 따르면 창의적인 인물은 활력과 조용한 휴식, 명석한 측면과 천진난만한 구석, 장난기와 극기 혹은 책임과 무책임이 혼합된 모순된 성향을 띠는 경우가 많다고 합니다.

이런 맥락에서 저도 여러 번 강조하게 되는데, 저는 지금 모든 분야에 두루 박식한 사람이어야만 창의적일 수 있다는 말을 하는 것이 아닙니다. 다만 다양한 분야와 교류할 기회가 주어졌을 때 그것을 자기 것으로 활용할 수 있는 능력을 키우자는 말입니다. 마찬가지로 자기 통제 능력을 발휘해야 할 때는 그렇게 하더라도, 굳이 그러지 않아도 될 때는 장난도 치고 재밌게 놀기도 해야 하는 겁니다. 책임과 무책임, 상상·공상과 현실에 뿌리박은 의식 사이를 오갈 줄 아는 것이 정말로 중요해요.

예브게니 키신Evgeny Kissin, 1971~ 이라는 피아니스트가 있습니다. 이 사람은 소위 말하는 전형적 천재입니다. 키신의 어린 시절 이야기를 보면 '천재'에게서 흔히 볼 수 있는 요소가 다 나타납니다. 두세 살 때 누가 피아노곡을 흥얼거리면 그걸 외워서 따라했다든지 네 살 때 피아노를 배우기 시작했는데 보통 몇 년에 걸쳐 배우는 연주를 두세 달만에 끝냈다든지 하는, 아주 전형적인 이야기죠.

그런데 키신은 천재적 재능을 가진 음악가인 동시에 천재적 업적을 쌓은 사람이기도 합니다. 키신이 언젠가 내한공연을 왔을 때 신문에

과학은 이것을 상상력이라고 한다

피아니스트 예브게니 키신(2011).

인터뷰 기사가 실렸는데, 그 기사를 읽고 꽤 놀랐습니다. 유명한 피아니스트가 다른 나라 연주 여행을 갈 때는 대개 이틀 전에 도착한다고 합니다. 도착한 첫날은 피곤하니까 쉬고, 그다음 날 하루 종일 연습하고, 셋째 날 연주를 하고, 그다음 날 바로 떠나거나 하루쯤 관광을 하고 돌아가는 것이 보통 일정이라고 합니다. 그런데 키신은 어디를 가든 반드시 사흘 전에 도착한다더군요. 자신이 최상의 연주를 할 수 있을 때의 감을 유지하기 위해 전 세계 연주 횟수를 제한할 뿐 아니라 다른 피아니스트보다 하루나 이틀 전에 미리 간다고 합니다. 최상의 연주를 들려주기 위해 연습을 충분히 하려는 겁니다. '천재' 소리를 듣는 키신이지만, 자기 스스로 엄격한 기준을 적용한다는 의미입니다.

내한공연 시의 인터뷰에서 키신은 한국에 온 소감을 묻는 기자에게, 공항에 도착해 곧바로 호텔로 왔고 연습하느라 호텔 바깥으로는 거의 나가본 적이 없어 한국에 대해 아직 잘 모르니 연주회가 끝난 뒤 하루나 이틀 머물면서 한국에 대해 알아보겠다고 대답합니다. 보통은 "한국 사람들 활기차고 다이내믹하게 느껴진다. 거리가 아름답다" 정도로 적당히 둘러대기 십상인데, 그 순간에도 솔직히 이야기하는 게 인상적이었습니다.

키신이 연습과 노력으로 '훌륭한 연주'를 선보이듯, 과학기술 연구자들도 재능에 안주하지 않고 앞서 설명한 여러 능력과 상상력을 가꾸고 활용하는 노력을 지속적으로 쏟아야만 '훌륭한 연구'라는 결실을 얻을 수 있습니다. '뛰어난 상상력'의 원천 혹은 비결은 바로 그것입니다.

과학기술적 상상력을 확장하라

과학기술 연구의 낯선 진실

지금까지 우리는 과학기술 연구가 사람들의 상식에 비추어 의외의 모습이 많다는 점을 살펴보았습니다. 우리가 이것을 '의외의 모습'이라고 느끼는 이유는 과학기술 '연구'를 중고등학교 시절 공부하던 수학이나 과학 교과서에 등장하는 '지식'과 동일시하기 때문입니다. 물론 그 '지식'이 과학기술 '연구'를 통해 만들어진 것은 맞습니다. 하지만 '연구'는 '지식'보다 훨씬 다양한 측면을 갖고 있고 더 역동적인 방식으로 진행됩니다. 답과 표준적 풀이가 분명히 있는 문제가 아니라 문제 설정 자체가 제대로 되었는지부터 따져보아야 하는 것이 '연구'입니다.

개별 학문 분야마다 연구를 어떻게 진행해야 하는지에 대한 대강의 규칙과 여러 유용한 지침이 있지만 누구나 기계적으로 따르기만 하면 연구결과물의 '참'이 보장되는 그런 의미의 과학방법론은 없습니다. 좌충우돌하며 연구를 열심히 진행하고도 여전히 틀릴 수 있는 것이지요. 그럼에도 불구하고 연구 과정에서 '좋은' 아이디어를 내면 역사에 남을 '천재적' 연구로 이어질 수도 있습니다.

결국 과학기술 혁신이란 객관적 과학방법론의 알고리즘적 적용이 아니라 개별 연구자의 '창의성'과 '개성'의 산물입니다. 이 점을 이해하면 과학기술 연구가 '너무도 인간적'이라는 사실을 알게 됩니다. 수많은 검증과 정련을 거쳐 과학 교과서에 실린 과학지식은 '인간적' 매력이 전혀 없는 추상적이며 객관적인 진리라는 느낌을 줄 수 있습니다. 하지만 실제 과학기술의 대부분을 차지하는 연구 과정은 개별 연구자가 어떤 선택을 하고 어떤 판단을 하느냐에 결정적으로 영향받는 실천적 활동입니다.

우리는 또한 과학기술과 관련된 상상력과 창의성이 고정관념과는 다르게 얼마나 복잡한 조건 아래서 발휘되는지를 살펴보았습니다. 실제 과학기술 연구에서 필요한 상상력이나 창의성은 결코 '기존의 틀을 깨는 자유로운 생각'만으로는 규정짓기 어렵다는 점을 보았지요. 더욱이 우리는 이 점이 '자유로운 상상력이 결정적으로 발휘되는 사례'로 이해되는 예술 활동에서도, 비록 정도 차이는 있겠지만 기본적으로 같다는 점도 확인했습니다.

예를 들어 영화 시나리오는 단지 천재적 상상력에 의해 탄생하는 것이 아닙니다. 그 시나리오를 영화로 완성시키기까지 수많은 요인을 고려해야 합니다. 관객의 만족도와 작품의 예술성, 대중매체의 평가까

과학은 이것을 상상력이라고 한다

지 고려해야 하는데 이 각각이 요구하는 방향이 대부분의 경우 일치하지 않기에 그것들을 동시에 만족시키는 방식으로 상상력을 발휘하기란 정말이지 어려운 일입니다.

결국 시나리오 쓰기에도 쿤이 말한 '수렴적 상상력'이 필요한 것입니다. 예술 창작에서도 과학 및 기술 연구와 마찬가지로 제한적 조건을 만족하며 문제를 해결하려는 노력(수렴적 상상력)이 참신하고 혁신적인 생각(발산적 상상력)과 결합해야 한다는 이야기지요. 그 결합이 정확히 어떤 방식으로 이뤄지느냐는 당연히 해당 분야가 무엇인지, 풀고자 하는 문제의 성격은 또 무엇인지에 따라 달라집니다.

하지만 창의성이란 무엇보다 여러 영역에 흩어져 있던 다양한 요소를 잘 묶어내 새롭게 의미를 부여하는 능력, 다양한 전문성을 가진 사람들의 생각을 종합해 새로운 시각을 제공하는 능력 등에 결정적으로 의존합니다. 반짝 떠오르는 아이디어에만 창의성이 숨어 있는 게 아닙니다. 바로 이런 종합과 해석의 능력에도 어마어마한 창의성이 숨어 있는 것입니다. 창의성과 상상력을 논의할 때 이 점을 기억하는 것이 아주 중요합니다.

탈추격형 과학기술 혁신이 필요하다

우리에게 '과학기술 연구의 진실'이 더 낯설게 느껴지는 것은 그 내용이 우리나라가 경제발전을 이루는 과정에서 활용한 과학기술 연구 방식과는 사뭇 다르기 때문입니다. 과학기술 수준이 선진국보다 많이 뒤떨어져 있던 상황에서 우리나라는 답이 분명한 수학 문제를 다른 사람보다 정확히 빨리 풀어야 하는 수험생처럼 기술발전을 이뤄냈습니다. 즉 선진국이 이미 개발한 과학기술 결과물을 신속히 효율적으로 재개발하는 것이 그때는 중요했죠.

이런 '추격형' 과학기술 개발을 추진한 나라 가운데 우리나라처럼 그 일을 잘 수행한 나라도 흔치 않습니다. 그런 의미에서 우리나라는 '추격형' 과학기술 연구에서는 최고의 우등생이었습니다. 반도체 개발의 역사가 좋은 사례입니다. 국가가 주도하고 산업체가 호응하는 방식으로 이뤄진 반도체 개발 과정에서 우리나라는 선진국이 3년 동안 개발했던 D램을 단 6개월 만에 개발하는 식의 놀라운 성취를 끊임없이 이뤄냈습니다. 물론 그렇게 개발한 D램은 글로벌 시장에서 좋은 평가를 받을 만큼 성능도 뛰어났습니다. 이미 개발된 D램이라는, '정답'이 있는 문제를 더 빠른 속도로 정확히 푼 덕분입니다.

어떻게 이런 일이 가능했을까요? 여러 요인이 있지만 기본적으로는 교육 수준이 높은 우수한 인재들이 엄청나게 열심히 일했기 때문입니다. 우리 아버지와 할아버지 세대가 정말 성실했거든요. 그러나 성실함만으로 이 성공을 모두 설명할 수는 없습니다. 이런 추격형 과학기술 개발을 다른 나라보다 훨씬 빨리 '압축적으로' 완성해낸 근본적 이유는 다른 나라의 성공 사례, 즉 정답이 이미 있었기 때문입니다.

구체적 제조기법은 영업 비밀이니 배울 수 없었겠지만 모두가 공유하는 반도체 관련 과학기술 원리를 이미 출시된 '정답'에 역으로 적용해, 그것을 어떻게 만들었는지 찾아나가는 일은 가능했습니다. 이 역

한국은 선진국이 3년 동안 개발해야 했던 D램을 단 6개월 만에 만들어내는 방식으로 추격형 기술개발을 이룩했다.

시 어려운 일이기는 하지만 그 답을 '처음' 찾아낼 때보다는 쉽고 빠르겠지요. 똑똑한 중학생이 고등학교 수학을 선행해서 문제를 푸는 일은 그 학생이 성실하기만 하다면 충분히 가능한 것과 마찬가지입니다.

그런데 이런 추격형 과학기술 개발에는 한계가 있습니다. 이런 방식은 풀 만한 가치가 있는 문제를 먼저 '설정'하고 그 답을 찾아내는 일에는 적합하지 않습니다. 사실 '답'을 찾아낸다는 말 자체가 너무도 단순한 생각입니다. 과학기술 연구라는 건 누군가가 '답'을 찾아내면 모든 사람이 감탄하면서 금방 그게 답이라는 사실을 알아볼 수 있는 그런 것이 아닙니다.

'과학'연구라면 '답'을 찾아낸 과학자가 여러 증거를 동원해 다른 과학자를 설득하며 집단지성의 동의를 획득해야 합니다. '기술'연구라면 와트의 증기기관이나 마르코니의 무선전신이 그랬듯 기술적 성취와 상업적 성공을 결합해 다른 기술자들이 모방하는 기술표준을 획득해야 합니다. 이 과정은 답을 '발견'한다기보다는 답을 '만들어가는' 과정에 가깝습니다. 이렇게 만들어진 답이 관련된 모든 과학기술자에 의해 '답'이라고 인정되면 그다음부터는 교과서에 수록되며 '자명한 답'으로 간주되는 것입니다.

문제는 추격형 과학기술 개발에 익숙했던 우리나라 정부나 기업은 이렇게 답을 '만들어가는' 혹은 '구성해가는' 과정에 대한 경험을 축적하지 못했다는 점입니다. 어떤 분야에서 1등을 해본 경험이 별로 없죠. 1등은 어렵습니다. 1등은 뭐가 1등인지를 스스로 규정해야 하고 그 규정이 왜 올바른 규정인지를 다른 경쟁자에게 납득시켜야 합니다. 미국에서 나노 기술이 유행이라고 하면 나노를 연구하고, 빅데이터 이야기가 나오면 빅데이터를 따라 연구하는 방식으로는 1등을 할 수도, 1등을 유지할 수도 없습니다.

다른 나라의 연구 동향에 주목하는 것 자체는 나쁘지 않습니다. 모든 나라가 그렇게 하죠. 하지만 우리 스스로 고민해서 진짜 필요한 기술이 무엇인지, 다음 세대에는 어떤 기술이 중요한지, 그 기술에서 무엇을 신경 써야 하는지를 앞서서 고민하는 것이 더 중요합니다. 이제는 좀 달라졌겠지만 한때는 국가가 지원하는 연구계획서에 경쟁 국가 비고란이 반드시 있었다고 합니다. 어떤 기술을 개발하고자 할 때 미국이나 일본에서 그 기술에 얼마나 투자해 연구하고 있는지를 설명하면 그것이 좋은 근거로 작용해 지원을 얻기가 쉬웠다는 겁니다.

이런 방식으로는 "다른 나라에서는 전혀 시도하고 있지 않지만 아주 중요한 기술이어서 연구하겠다" 하는 식의 논리가 들어설 여지가 없습니다. 우리가 이런 상황이 된 데는 나름 합리적 이유가 있습니다. 실패비용 때문이죠. 과학기술 선진국에서도 시도하지 않는 연구를 하려면 초기 실패비용이 너무나 많이 들어가는 탓입니다.

한번 생각해봅시다. 우리나라에서 반도체메모리칩 256M D램을 개발하는 과정에서 들어간 실패비용이 얼마였을까요? 당연히 단번에 성공한 것은 아닐 테니 실패비용이 꽤 들었을 겁니다. 하지만 개발 시도 자체를 포기할 만큼 큰 비용은 아니었을 겁니다. 무엇을 만들어야 하는지 알기 때문이죠. 그에 비해 1등을 유지하기 위한 실패비용은 얼마일까요? 상상도 할 수 없을 정도로 어마어마합니다. 뭘 만들어야 하는지도 모르는 상태에서 만들어야 하니까요. 만약 '차세대 선도 기술'이라 생각하고 개발했는데 시장 반응이 싸늘하다면 어떻게 될까요? 그 개발비용은 그냥 날리는 겁니다. 중요한 점은 과학기술 연구의 속성상 이런 실패비용을 피할 방법은 없다는 겁니다.

흔히 애플을 창의성의 대명사처럼 이야기하는데, 사실 애플이 내놓았던 제품 중에는 요즘 말로 '폭망'했던 제품이나 '혁신 자체'에 그친 경우가 상당히 많습니다. 애플은 왠지 계속 성공만 했을 것 같지만 전혀 그렇지 않다는 이야기죠. 수많은 실패가 있었고 그 실패를 성공적으로 '관리한' 결과가 애플의 창의성을 낳은 배경입니다. 1등을 하려면 상당한 실패비용을 그 대가로 지불하지 않을 수 없습니다.

우리가 '탈추격형' 과학기술 개발, 즉 주어진 정답을 쫓아가는 방식이 아니라 문제와 답을 동시에 제시하는 방식으로 과학기술을 개발하려면, 역설적으로 들리지만 '성공적으로 실패하는' 방법을 먼저 익혀야 합니다. 당연한 일이지만 이 방법은 추격형 과학기술 개발에 익숙한 우리에게는 낯설고 어려운 방법입니다. 그나마 다행인 것은 최근에는 여러 분야에서 이런 방향 전환에 성공한 연구자들이 많이 등장하고 있다는 사실입니다.

탈추격형 과학기술 개발을 위한 융·복합 연구

탈추격형 과학기술 개발에서 실패비용을 피할 수는 없지만, 이 실패비용을 줄이려는 노력은 여전히 중요합니다. 이 맥락에서 사람들은 융·복합 연구에 관심을 기울이게 되는데, 왜 그럴까요?

아직 정답이 무엇인지 모르는 '차세대 휴대전화'를 개발한다고 가정해봅시다. 당연히 휴대전화에 들어가는 수많은 부품을 제작하는 기술, 그 부품을 배치하고 효율성을 높이는 기술, 휴대전화를 작동시키는 알고리즘을 만드는 기술 등 여러 종류의 기술이 필요할 겁니다. 하지만 무엇이 '차세대' 휴대전화의 특징일까요? 단순히 현재 쓰는 휴대전화보다 기술적으로 뛰어나기만 해서는 안 될 것 같습니다. 잠시라도 휴대전화를 안 들여다보면 불안해하는 사람들이 많을 정도로 생활필수품이 되었으니, 이제 휴대전화의 미래는 곧 우리 사회의 미래이고, 따라서 그 기술은 미래에 우리가 자신의 정체성을 규정하는 방식과도 연관될 것입니다.

이 정도로 우리 삶에 깊숙이 들어와 있는 기술의 미래를 규정하고 지구상의 모든 사람을 설득해내려면 휴대전화의 하드웨어와 소프트

웨어를 만드는 개별 기술의 결합을 뛰어넘는 좀 더 복합적인 연구를 수행해야 합니다. 실제로 세계적인 휴대전화 제조업체들은 모두 이런 융·복합 연구를 수행합니다. 그런 연구 없이 기술적으로만 우수한 제품을 만들다가는 어마어마한 실패비용을 지불할 가능성이 높거든요.

실제로 관련된 쟁점에 대한 충분한 융·복합적 고려 없이 첨단기술 그 자체만 연구하다 실패한 사례가 여럿 있습니다. 국내에서 시도되었던 '노인돌보미로봇'이 대표적 실패 사례죠. 노인돌보미로봇을 개발한 사람들은 분명 노인에게 도움이 되는 로봇을 개발하려 노력했을 겁니다. 하지만 우리나라에서 노인돌보미로봇을 필요로 하는 노인들이 처한 주거 상황이나 사회적·정서적 조건 등을 세심히 고려하지 않고 공학적 시각만으로 노인을 바라보았던 것 같습니다.

노인들은 몸이 불편하니 이동이나 섭식에서 어려움을 겪을 것이다, 그러니 노인이 의지해서 집안을 돌아다닐 수 있게 해주거나 노인이 가만히 앉아 있으면 음식을 떠서 입에 넣어주는 로봇을 만들어보면 좋겠다 하는 생각을 했을 겁니다. 그래서 공학자들이 이런 '기능'을 수행할 수 있는 로봇을 국가예산을 지원받아 만들었습니다. 그런데 대부분 사용되지 못한 채 방치되고 있다고 합니다. 무슨 까닭일까요?

일단 이 노인돌보미로봇은 도움을 줄 사람을 스스로 구하기 어려운 취약계층에게 우선 보급될 예정이었습니다. 그런데 이런 취약계층 노인들은 많은 경우 큰 몸집의 로봇이 움직이기에 적절하지 않은 주거 환경에서 지내고 있습니다. 이런 주거지에는 문턱 있는 좁은 방이 많은데 그 문턱을 유연하게 넘나들며 노인을 번쩍 안아 이동하는 로봇

나가며 과학기술적 상상력을 확장하라

을 만들기란 무척 어렵습니다. 그래서 결국은 한 장소에 머물면서 '돌봄이' 활동을 하는 로봇을 만들게 되었는데 이 로봇의 조작 방식이 매우 복잡했다고 합니다. 기계에 서툰 노인 분들은 이해하기조차 어려울 정도로 버튼이 많았던 거죠. 그러다 보니 시범사업으로 이 기계를 집에 들여놓은 노인 분들은 비싼 기계를 고장 낼까 겁이 나 그냥 잘 '모셔두게' 된 겁니다.

이처럼 사용자를 여러 각도에서 고려하지 않고 기술적 요인에만 초점을 맞춘 제품 개발은 실패할 확률이 높습니다. 반면 융·복합 연구의 대표적 성공 사례로 인지과학을 들 수 있는데요. 이 사례는 다양한 시각을 문제 해결 중심으로 결집하는 것이 얼마나 중요한지를 잘 보여줍니다.

인지과학cognitive science이란 인지심리학을 중심으로 컴퓨터과학, 신경과학, 철학, 언어학 등 다양한 분야의 전문성이 종합된 학문 분야입니다. 그렇지만 개별 인지과학자는 이들 분야에서 많아야 2개 분야 정도에서 전문성을 갖추고 있습니다. 인지과학자가 인지에 대해 '만물박사'는 아니라는 이야기죠.

그럼에도 불구하고 인지과학자는 좁은 분야 전문가와는 다른 점이 있습니다. 어떤 문제를 풀고자 할 때, 예를 들어 인지과학의 창시자 중 한 사람인 조지 밀러George A. Miller, 1920~2012가 '생각의 속도에 영향을 끼치는 요인은 무엇이 있을까' 하는 문제를 고민할 때 자신이 익숙하지 않은 다른 분야의 이론 틀이나 개념을 도입하는 데 선택적으로 개방적이었다는 점이죠.

과학은 이것을 상상력이라고 한다

융·복합 연구를 위해 무조건 '열린 마음'을 가지라는 막연한 이야기를 하는 게 아닙니다. 풀려는 문제와 관련된 여러 전문 분야의 시각과 연구 결과를 창의적으로 결합해 성공적인 '정답'을 만드는 과정에서 자신에게 익숙한 사고방식을 벗어나 종합적 사고를 하려 노력해야 한다는 것입니다. 이는 우리가 이미 살펴본 쿤의 수렴적·발산적 상상력의 결합을 넘어서는 상상력의 '확장'이라 할 수 있습니다.

쿤이 말한 '본질적 긴장'은 기본적으로 물리학이나 심리학처럼 특정 전문 분야 '안에서' 문제 해결을 위해 관리되어야 할 사항이었습니다. 그런데 융·복합 연구를 위해서는 자신의 전문 분야를 '넘어' 상상력을 '확장'해야 할 필요성이 있는 겁니다. 하지만 상상력의 확장은 말처럼 쉽지 않습니다. 한 분야에서 전문성을 갖는다는 말 자체가 그 분야의 기준과 시각으로 세상을 바라보고 문제를 규정하며 그 문제에 대한 독특한 해결책을 찾는다는 의미이니까요. 즉 물리학자가 세상을 바라보는 방식이나 답을 찾아내는 방식은 생물학자의 방식과 매우 다르고 마찬가지로 기계공학자의 방식과도 상당히 다를 수밖에 없습니다.

그런데 우리나라 과학기술 개발의 역사를 살펴보면 이런 일반적 어려움에 더해 상상력의 확장을 가로막는 요인이 몇 가지 더 있었음을 발견하게 됩니다. 과학기술 연구가 '조국 근대화'에 기여하는 과정에서 과학기술적 상상력의 범위가 더 좁게 규정되었다는 점입니다.

앞서 추격형 과학기술 개발의 한계를 지적했지만, 우리나라가 추격형 과학기술 연구의 성과를 통해 눈부신 경제개발을 이룩한 점은 분명한 사실입니다. 이 과정에서 똑똑하고 성실한 과학기술자들이 정부와 기업의 전폭적 지원을 받아 결정적 기여를 한 것도 맞고요. 이러다 보니 우리나라 과학기술자들, 특히 1990년대 경제위기 이전의 과학기술 개발 환경을 기억하는 세대는 현재 우리 사회에서는 과학기술이 홀대받고 있다는 느낌을 갖곤 합니다.

예전에는 과학기술자들이 열심히 노력하면 그 결과를 사회가 향유하고 과학기술자들도 그에 합당한 대우를 받았는데, 현재는 과학기술 연구가 사회적 공감대를 확보한 뒤 이뤄져야 한다는 '낯선' 요구 조건에 직면했다는 겁니다. 이런 상황이 '낯설게' 느껴지는 것은 우리의 과학기술 개발 역사를 고려할 때 충분히 이해되지만 그렇다고 과거 방식으로 회귀할 수는 없습니다. 앞서 지적했듯이 그런 방식으로는 1등을 달성하고 유지하는 일이 불가능하기 때문입니다.

과학기술 연구에서 사회적 고려나 법률적 고려, 윤리적 타당성을 따지는 일이 이상하게 느껴지겠지만 이런 사항을 복합적으로 고려하지 않은 제품은 기술적으로 아무리 뛰어나도 글로벌 시장에서 복잡한 규제 장벽이나 문화적 저항을 넘지 못합니다. 사실 우리나라에는 여러 분야에서 1등을 하는 기업들이 많은데 이들 기업은 이미 누가 시키지 않아도 융·복합 연구를 수행하고 있습니다. 그렇게 하지 않으면 치열한 글로벌 경쟁에서 살아남지 못하기 때문입니다.

아미시파 기술광이 주는 교훈

이제 우리도 과학기술 연구에서 더 확장된 상상력이 발휘되는 상황에 익숙해져야 합니다. 과학기술의 학문적 경계를 벗어난 여러 고려 사항이나 개념, 이론적 시각을 '선택적'으로 활용해야 하는 겁니다. 이는 탈추격형 과학기술 연구 조건에서 선택이 아니라 필수적으로 수행해야 할 과업입니다.

일부 공학자들은 어차피 기술이 어떤 결과를 가져올지 예측하는 일은 불가능하니 일단 개발된 기술을 사회적으로 널리 활용해보고 부작용이 나타나면 그때 대응책을 세워도 된다고 이야기하기도 합니다. 기술은 기술개발자의 의도대로만 사용되는 것이 아니기에 기술의 개발 단계에서 그 기술의 파급 효과까지 정확히 예측하기란 불가능하다는 말은 맞습니다. 그렇지만 우리는 같은 내용을 갖는 기술일지라도 그 기술을 구체적으로 어떻게 디자인하고 개발 과정에서 어떤 점에 유의하느냐에 따라 기술이 갖는 사회적 영향에 상당한 차이가 나타난다는 점 또한 잘 알고 있습니다.

휴대전화를 만들 때, 다른 사람들로부터 격리되어 온라인 세계로만 빠져들게 하는 휴대전화의 부작용을 어느 정도 통제하면서 먼 거리 사람들과의 사회적 소통을 강화하는 도구가 되도록 만들 수 있습니다. 2010년의 재스민 혁명, 곧 북아프리카 민주화 운동에서 보았듯 휴대전화가 사회적 기능을 담당할 수 있도록 디자인에 더 신경을 쓸 수 있는 거죠.

최근 공학 교육 및 연구에서 개별 기술을 종합해 사회적으로 바람직한 기능을 실현하는 설계의 중요성이 강조되는 것도 이런 가능성에 주목하기 때문입니다. 기술의 발전은 정해진 경로를 따라가지 않습니다. 구체적 기술을 실현하는 과정에서 다양한 선택지가 있어요. 그리고 가치를 기준으로 삼을 때 그 선택지가 모두 동등한 가치를 지닌 것은 아닙니다. 그러하기에 우리는 더 바람직한 방식으로 기술을 개발하려 노력할 수 있습니다.

항상 그렇지는 않지만 프레온가스 대체제 개발을 통한 남극 오존층 복원처럼 어떤 노력은 종종 기대한 효과를 거두기도 합니다. 단순히 기술적 세부사항에 갇히지 않는 사고를 통해 우리가 바람직하다고 사회적으로 판단한 어떤 가치를 기술에 집어넣는 것이 가능하다는 이야기죠. 이를 잘 보여주는 사람들이 있습니다. 미국의 아미시파 사람들입니다.

아미시파는 자동차를 타지 않고 마차를 타고 다닙니다. 중앙집중화된 현대 기술에 반대해 스스로 고립된 채 살고 있으며 전기도 쓰지 않습니다. 그런데 기술에 대한 이들의 태도를 살펴보면 재미있는 점이 있습니다. 어떤 의미에서 이들은 기술개발에 열광하는 사람들이기도 하거든요.

이들은 기술개발 자체에 반대하는 것이 아닙니다. 다만 자신들이 추구하는 가치와 맞지 않는 기술을 사용하거나 개발하는 것에 반대합니다. 이러한 태도는 '기술적 보수주의'라고 말할 수 있습니다. 기술적 변화를 거부하는 것이 아니라 변화의 속도를 최대한 늦추어 그 변화가 바람직한지 여부를 스스로 판단할 시간을 갖자는 것이니까요.

아미시파 사람들은 대체로 19세기 기술을 사용하는 데는 별 저항이 없습니다. 19세기 이전에 개발된 기술은 자신들의 종교적 가치를 훼손

마차를 타고 이동하는
아미시파 가족.

하지 않는다고 판단하는 겁니다. 그래서 그들은 현재는 개발이 중단된 19세기 기술을 개발하는 일에 몰두합니다. 자기들끼리 19세기 기술의 경진대회도 벌입니다. 그렇게 개발한 결과물을 외부 세계에 팔아 돈을 벌기도 합니다. 이처럼 자신들이 생각하기에 바람직한 기술은 적극 개발합니다. 반면 버튼을 누르면 바로 지구 반대편 사람들과 통화할 수 있는 전화기 같은 현대 기술은 자신들의 삶과 가치에 바람직하지 않다고 판단해 거부합니다.

당연히 아미시파 공동체가 공유하는 그 가치를 우리 모두가 따를 필요는 없습니다. 다만 그들이 기술을 대하는 방식에는 주목할 필요가 있습니다. 그들은 기술을 우리 삶을 파괴하는 막연한 두려움의 대상이나 우리 삶을 풍족하게 해주는 만병통치약으로 단순하게 생각하지 않습니다. 그들은 '선택적으로' 기술개발을 수행하고 기술개발의 방향에 자신들이 공유하는 가치를 반영하고자 노력합니다.

나가며 과학기술적 상상력을 확장하라

아미시파 기술광으로부터 우리가 배워야 할 점은 기술을 '주어진 것'으로 생각하지 않는 태도입니다. 효율적인 기술은 항상 좋은 기술일까요? 꼭 그렇지는 않습니다. 그 효율성이 우리 사회가 바람직하게 생각하는 가치와 일치될 때에만 좋은 기술이라 할 수 있습니다. 그런데 이 점을 판단하는 일이 그리 간단치 않습니다. 관련 함수를 규정해 미분해서 얻을 수 있는 최적화 문제가 아니라는 겁니다. 관련된 여러 전문성이 합쳐져 충분한 논의를 거쳐야만 좀 더 현명한 판단을 내릴 수 있습니다.

우리나라도 최근 사회문제 해결형 과학기술 개발이나 사람중심 과학기술 개발이라는 개념으로 이런 노력을 벌이고 있습니다. 모든 과학기술 연구가 이런 방식으로 해결되어야 하는 것은 아닙니다. 많은 과학기술 연구가 여전히 분과학문의 전문지식과 해당 분야의 수렴적·발산적 상상력을 결합하는 방식으로 이뤄질 수 있지요. 그러나 추상적이고 단일한 문제, 즉 수학의 정리를 증명하는 일보다는 더 구체적이고 복잡한 측면이 많은 문제는 다른 방식으로 접근해야 합니다.

예를 들어 외딴 농촌 마을의 농업용수 문제는 특정 분야의 '지식'을 적용하면 곧바로 해결되는 그런 게 아닙니다. 이런 문제가 발생할 때는 여러 분야 연구자가 모여 문제를 '규정하는' 일부터 시작해야 합니다. 해당 지역에 일정 기간 상주하면서 문제가 정확히 무엇인지 파악하고 여러 제한조건을 만족시키는 방식은 무엇인지 살펴 상당 기간 해결책이 될 수 있는 지속가능한 방식으로 답을 찾아야 하는 거죠.

그리고 그렇게 얻은 답을 연구자들이 해당 지역 주민들에게 제시하면 끝나는 게 아니라, 해당 지역 주민들이 그 답을 납득하고 꾸준히 실천에 옮겨야 합니다. 이런 리빙랩living lab 연구 활동이 현재 유럽에서 널리 시행 중입니다. 우리나라에서도 리빙랩이 시범적으로 수행 중인데 성공률이 그리 높지는 않습니다. 다학문적 조건을 모두 만족시키며 연구를 수행하기가 그만큼 어렵다는 반증이지요.

21세기 한국의 과학기술 연구가 추격형 과학기술 개발의 성과를 뛰어넘으려면 이런 연구 경험을 쌓아나가야 합니다. 더 중요한 것은 과학기술 연구자 및 그들과 함께 일하는 다른 분야 전문가들이 과학기술 연구에 필요한 상상력이 '선택적' 방식으로 확장되어야 함을 깊이 이해하고 공감하며 실천하는 일입니다.

과학은 이것을 상상력이라고 한다

1판 1쇄 발행일 2019년 1월 7일
1판 3쇄 발행일 2020년 8월 10일

지은이 이상욱

발행인 김학원
발행처 (주)휴머니스트 출판그룹
출판등록 제313-2007-000007호(2007년 1월 5일)
주소 (03991) 서울시 마포구 동교로23길 76(연남동)
전화 02-335-4422 **팩스** 02-334-3427
저자·독자 서비스 humanist@humanistbooks.com
홈페이지 www.humanistbooks.com
유튜브 youtube.com/user/humanistma **포스트** post.naver.com/hmcv
페이스북 facebook.com/hmcv2001 **인스타그램** @humanist_insta

편집주간 황서현 **편집** 전두현 남미은 **디자인** 한예슬
용지 화인페이퍼 **인쇄** 청아디앤피 **제본** 정민문화사

ISBN 979-11-6080-190-3 03500

이 도서의 국립중앙도서관 출판예정도서목록(CIP)은 서지정보유통지원시스템 홈페이지(http://seoji.go.kr)와
국가자료공동목록시스템(http://www.nl.go.kr/kolisnet)에서 이용하실 수 있습니다.(CIP제어번호: CIP201839165)